HOME
FURNISHING
COLOR
IMAGE II

家居色彩意象II

NEW
50 INSPIRATIONAL
IDEAS &
COLOR SCHEMES

全新150个家的灵感主题与配色方案

色咖工作室
——编著

化学工业出版社

总策划：姜晓龙

参加编写人员：王玉洁　张添淇　徐　诚

图书在版编目（CIP）数据

家居色彩意象Ⅱ：全新150个家的灵感主题与配色方案／色咖工作室编著．—北京：化学工业出版社，2021.5

ISBN 978-7-122-38658-8

Ⅰ.①家…　Ⅱ.①色…　Ⅲ.①住宅-室内装饰设计-配色　Ⅳ.①TU241

中国版本图书馆CIP数据核字（2021）第041731号

责任编辑：孙梅戈　　文字编辑：刘　璐　陈小滔
责任校对：刘　颖　　装帧设计：黄　放

出版发行：化学工业出版社（北京市东城区青年湖南街13号　邮政编码100011）
印　　装：北京尚唐印刷包装有限公司
710mm×1000mm　1/16　印张20½　字数400千字　2021年5月北京第1版第1次印刷

购书咨询：010-64518888　　售后服务：010-64518899
网　　址：http://www.cip.com.cn
凡购买本书，如有缺损质量问题，本社销售中心负责调换。

定　　价：138.00元

Foreword

序言

2016年，当第一本《家居色彩意象》面世的时候，我们并没有意识到它是如此受欢迎，更没有想到读者对于色彩是这般感兴趣。虽然我们生活在一个色彩斑斓的世界，每天都在与色彩相处，但是等到需要使用它时，才发现我们对它知之甚少。

色彩是家居装饰的一个维度，也是进入家居世界的一把钥匙，它是自然和情感在空间中的投影，任何自然中的配色在家居中都可以找到，同时人们情感中的热情与克制，现代与传统，探索与怀旧都能在家居中得到充分体现。这是因为家是我们最后的避风港和心心念念的牵挂之处。

家居是有灵魂和记忆的，和人一样，它也在经历着成长和变化，当我们搬离旧所走入高楼，当我们告别寂寞的乡村，在喧嚣的都市中奔波劳碌并终于有一席之地的时候，家就成为那颗播下的种子，生根发芽并且快速成长。优雅的花鸟壁纸，代替了儿时草木葱茏的田野，茂盛的绿植仿佛还散发着当年的气息，舒适的包布沙发，是天空的色彩，而黄色的靠包是夕阳西下时的忧伤。墙上悬挂的老照片是亲人的合影，一些陈旧的摆件都记录着生活的点点滴滴，于是家有了记忆。

本次《家居色彩意象Ⅱ》的推出，也是四年来，家居成长记忆的汇编，我们延续了上一本图书的内容，在提供大量新鲜优质色彩案例的基础上，将色彩线索做了进一步的拓展和深化，比如在每一个色系开篇，都对色系中色彩的运用、配色的原则等做了比较详细的解说，而在每一个配色方案中还加入了色调关系和色彩搭配的关系，力求在简单明了的基础上，让读者对于配色方案有一个深刻的理解。

新书上市之时，相信疫情的阴霾已经逐渐散去，生活回归正轨，此疫之后，人们一定会更加珍惜家庭生活，因为有了美好的家居，才有了静好的岁月，因为有了家人的陪伴，才有了现世的安稳。

姜晓龙

Contents 目录

The Trend of Home Color
家居色彩流行趋势——返璞归真

GRAY System 灰色系

BROWN System
棕色系

BLUE System
蓝色系

PURPLE *System* 紫色系

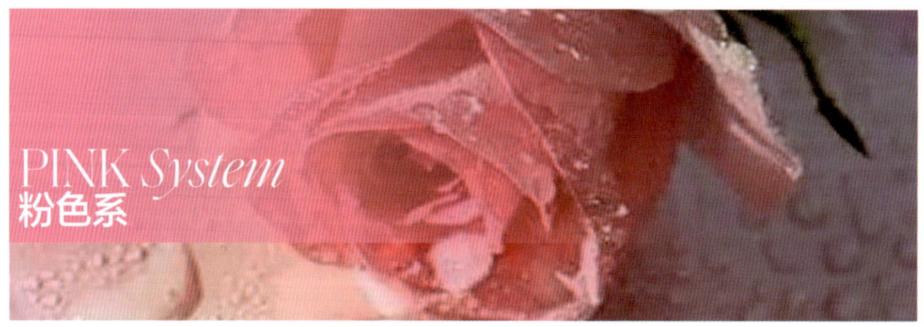

PINK *System* 粉色系

RED System 红色系

ORANGE System 橙色系

YELLOW System 黄色系

GREEN *System*
绿色系

COLOR SCHEME *Index*
配色方案色彩索引

本书中的色轮说明 COLOR WHEEL *description*

色相关系色轮：这个色轮反映了配色方案中颜色之间的色相关系，包括常见的同类色、邻近色、对比色、互补色等。

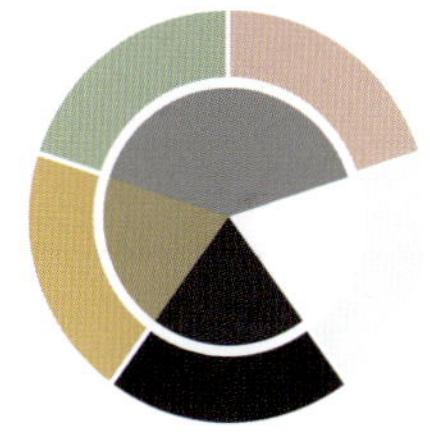

色调关系色轮：这个色轮显示了配色方案中每个颜色的色调情况，以及反应在配色方案中各个色调之间的比例关系。我们一共使用了八个色调，每个色调使用一种颜色作为代表，对应关系如下。

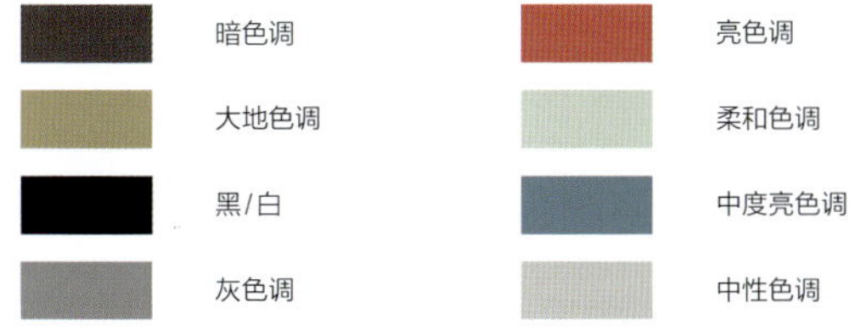

The Trend
of Home Color
家居色彩流行趋势

Return to Nature

返璞归真

新冠肺炎疫情的出现，极大地改变了人们的生活方式。长情的陪伴和静好的时光，让返璞归真成为色彩流行的趋势。质朴的大地色调和梦幻的柔和色调成为精神的抚慰，在带来宁静和温馨的同时，也带给人们对未来生活的憧憬。

带有黄色调的芹菜绿出现在家居中，便一跃成为令人眼前一亮的选择。相比薄荷绿、宝石色调的祖母绿和带有森林气息的墨绿色，芹菜绿倾向于橄榄色，但更加浅淡清新，令人感觉如沐春风。

作为一种流行色彩，浅淡柔和的粉红色已经流行了好几年。它在室内设计和时尚界一直经久不衰，虽然没有普及，但是多年以来它从一种时尚转变为一种成熟的颜色。如今，浅粉色已经从过度甜美和性别联想中解放出来，变成一种清新和多变的水晶玫瑰色。

优雅的暗粉色有一种新颖的复古情调，它是对现代少女心的重新演绎。这种舒适的粉色，给人安心和快乐的感受。无论是在餐厅、客厅还是给孩子们准备的娱乐室，都会发现它大有作用。

流行了多年的海军蓝以其美丽、明快，成为永恒的经典。从这种深蓝色开始，加入大量的白色再加上一种或两种强调色，然后用一些微妙的细节填充它，比如一对漂亮的窗帘，一盏美丽的吊灯，一张充满特色的地毯或是一幅精致的挂画，便可以营造你想要的一切感觉。

鸟蛋绿色唤起了人们对 20 世纪 90 年代的回忆。这种淡淡的绿色，更自然，更柔和，它有一种朴素的自然氛围，但不会显得粗糙。它足够清凉，可以与干净的白色和浅色自然木材色调完美搭配，还可以替代中性的米色或者灰色作为墙面的装饰色彩。

每年都会有新的流行色推出，但时尚总处于轮回之中，而且我们会发现，自己的喜好与别人其实并没有什么本质上的不同，那些久经检验的颜色总是会交替出现，用适应当代时尚的方式装扮着美丽的家园。趋势并不一定代表前所未见的色彩，但它的确代表了一种全新的方式，就比如，粉红色已经流行了好多年，但把它用在天花板上却是新近的想法。

South of South Mountain

南山南

关于古斯塔夫风格的记忆，还停留在满目空寂里，犹如冰山雪莲，空谷幽兰。但是芹菜绿的配色，赋予了它岁月感和充足的记忆。它描绘着自然的体态与美感，容纳着古典文化的气息和韵味，仿佛民谣的吟唱，伤感而悠扬，里面隐藏的故事一如古老而依旧摆动的莫拉钟，岁月流淌，却诉不尽一生的衷肠。

解析：*在这间客厅中，芹菜色的背景营造出一种宁静祥和的感觉，纳瓦霍黄色的窗帘呈现出白色系的温暖质感，而古巴砂色的细亚麻地毯增添了精致柔和的整体气息。亮白色包布的沙发和灯罩显得柔和而纯净，给空间带来舒适感。壁炉架上，两个珊瑚金色雕塑为空间带来了趣味。*

Celery Green

Love
in the Mirror

镜面折射的爱情

爱情是一面镜子，折射出彼此最美好的样子。灰色的水银，白色的光，让镜面能映照万物。粉红色的爱情，是镜子里永远不变的影像，它被赋予绿色的生命，黄色的温度，紫色的高雅，棕色的博大。一切美好或不美好都被寄托在爱情之上，并被反射放大为传说。多少爱情故事，多少悲欢离合都成了后人口中的低吟浅唱。

解析：*水晶玫瑰色天花板与冰川灰墙面色彩的搭配，带有一种冷清的甜蜜感，就像冬日花园里褪色的花朵。实际上这个房间也在暗示一种柔美如花的气质，从石膏造型吊灯就可以看出来。古巴砂色的黄麻地毯和粉黄色的裙边沙发带有温暖的自然味道，梦幻紫色的靠包则是一抹华丽的回归。*

Crystal Rose

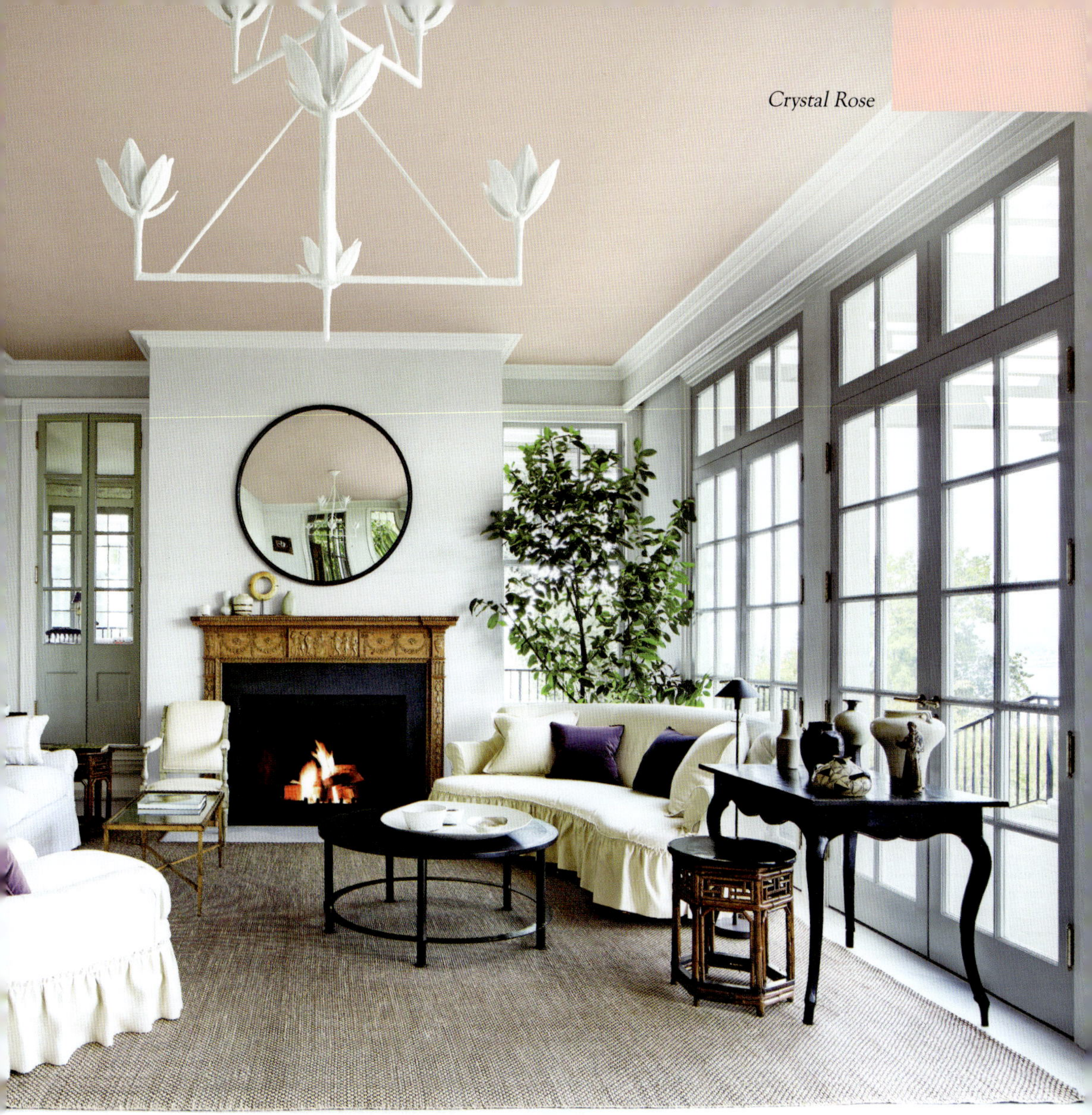

冰川灰
GY 4-01

水晶玫瑰色
PK 1-01

古巴砂色
BN 3-03

粉黄色
YL 1-02

梦幻色
PL 2-03

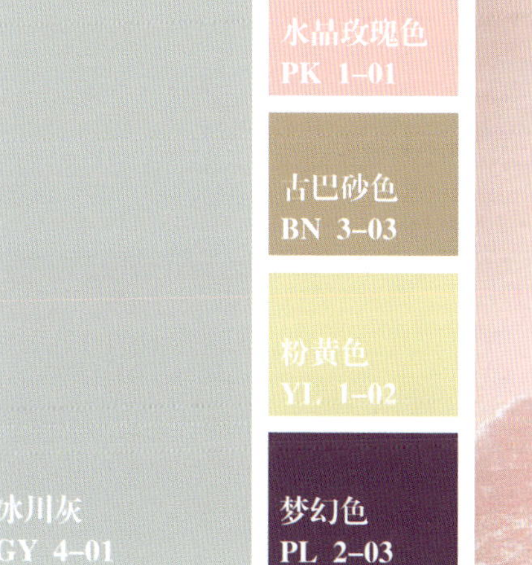

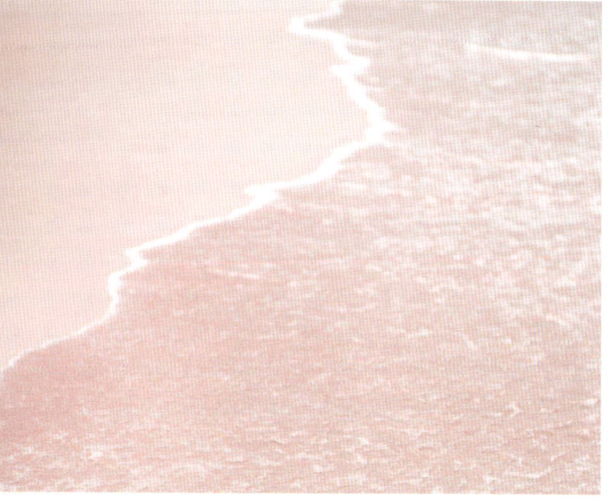

Early Spring in the West Lake

西湖春早

有人爱它接天莲叶无穷碧的夏日盛况，也有人爱它茅柴酒白芦花被的平湖秋月。然而，它最美时恰是绿杨阴里白沙堤的早春时节。冰雪初融，春水新生。白云层层叠叠舒卷自如，和湖面荡漾的微波连成一片。

解析：*鸟蛋绿色的背景，充满朦胧感。亮白色在空间中起到了穿插和勾勒线条的作用。多色拼接的几何图案地毯，其中沙色起到了平衡冷暖的作用。雪松绿用在多人沙发的图案上，而绿洲色用在了墙面的挂画装饰上，和鸟蛋绿色形成鲜明对比。*

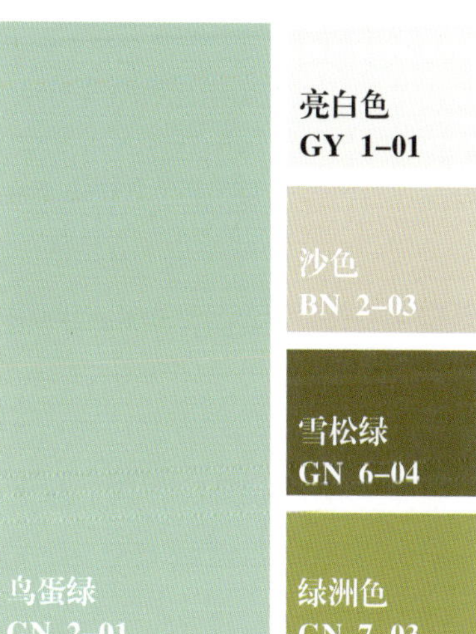

Navy Blue

Legend of the Sea

深海传说

蓝色仿佛是波塞冬的血液在不停地喷涌，像墨汁在宣纸上浸染，它淹没陆地，覆盖了巍巍群山，直到与天相接。深邃的蓝色背景下，白色是飘荡的白云、飞翔的鸽子、纯净的海滩和姑娘细腻的皮肤。

解析：*海军蓝优雅时尚的特性，在这个空间案例中展现得淋漓尽致。海军蓝和亮白色的搭配，纯净优雅。书房木作使用海军蓝涂料，白色的石膏线与之衔接，其他地方的亮白色则作为点缀使用，被海军蓝衬托得格外醒目。魅影黑与亮白色搭配使用，无论是地毯上黑白相间的斑马纹还是墙壁上的挂画，都增添了奢华和艺术魅力。明亮的黄绿色用在窗帘的图案中，而醒目的活力橙色的家居摆件，让人们突然眼前一亮。*

亮白色
GY 1-01

魅影黑
GY 3-05

活力橙
OG 3-01

黄绿色
GN 7-06

海军蓝
BU 1-04

Peony in the Hasedera Temple
长谷寺牡丹

长谷寺依山而建，寺内草木四时有序，山中因牡丹花而闻名，每年春天，牡丹绽放，红色如火，粉色似霞，黄色如锦帛。寺庙中回廊曲折，行走其中，暗香袭来，没有了红尘俗世的牵挂，却莫名多了心头的阵阵涟漪。

解析：*暗粉色的墙壁给人一种强烈的温馨感受，它无时无刻不在营造浪漫氛围，也契合古典风格的灵魂。与之形成对比的是山杨黄色真皮软垫椅子，和墙上亮白底色的绘画作品。冰咖啡色的窗帘，使用了美妙的几何图案，窗前的桌子上点缀了芹菜色的花卉，小巧而优雅。在起居区，放置了两把扶手椅，它们是家中遗留下来的老物件，用来区分这两个空间。*

GRAY *System*

灰色系

灰色系是家居色彩中最庞大，也最充满力量的色彩集合。它可以只有明度的变化，而不附着任何色彩，在明暗之间，展示空间层次变化，于光影中体味时光的流逝。当它们具备了一定的色相，便如虎添翼，操弄色彩于股掌之间，它可以为任何颜色做嫁衣裳，将自己淡出人们的视野，一心只做陪衬的绿叶。而当它想要成为舞台上的主角时，只需要寥寥几个色彩，便可以通过材质和光影的配合，营造出各种情绪的空间感觉。

配色应用

Color Matching Application

灰色是永恒的经典，是优雅时尚的源泉。看似中性的色彩，却可以创造出各种各样的氛围，从平静的抚慰到精致的创新，仿佛室内装饰没有灰色不适合的风格。无论极简风，还是复古格调，灰色都能为各种设计方案提供完美的背景。

在过去的几年中，灰色的内饰大肆流行，已经成为时尚的代名词。曾经被认为是阴暗沉闷的颜色，原来是解决所有问题的关键，它可让你在色调和纹理上大做文章，创建复杂的多层空间。

灰色在黑色和白色的陪伴下，会充满掌控力，可以消除黑白的对比度，使空间变得明亮、简洁，时尚感呼之欲出。

灰色系中，使用频率最高的颜色主要是钢灰色、冰川灰、银色、银白色这些色彩。它们作为背景色时，可以起到很好的衬托作用，从而将目光聚焦在色彩醒目的装饰物上。冰川灰是灰色系中的贵族，也是宠儿，和其他灰色不同，它的色调柔和，浅淡而清冷，在家居设计中，墙面使用冰川灰，可呈现宁静、素雅的效果。而作为强调色，搭配简单的黑白灰，则营造出时尚简约的装饰效果。

常用灰色

推荐搭配思路

—— 空间使用灰色为基础色调，减少鲜艳明亮色调，容易获得舒缓的效果，同时赋予灰色不同的材质和纹理，比如冰川灰的墙面涂料，搭配钢灰色的包布床头板以及柔软舒适的古巴砂色地毯，这样的空间显得温暖而宁静。同时点缀魅影黑色，加入金属色调的家具或者装饰物，从而提升空间的层次感和时尚感。

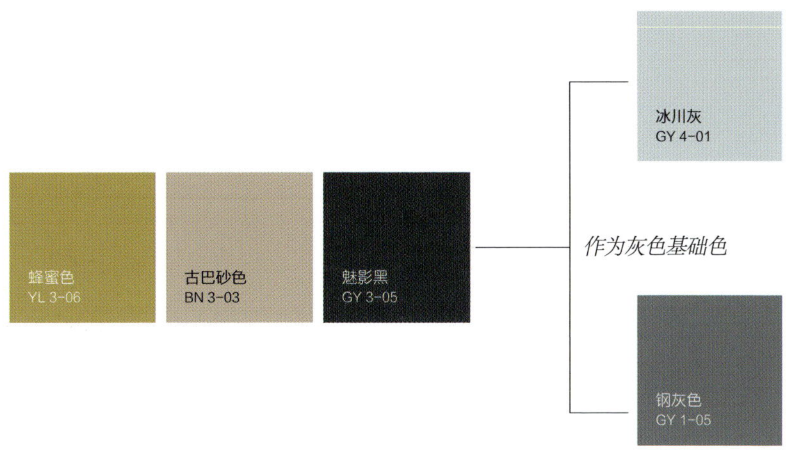

—— 灰色与大地色调搭配可以营造宁静、沉稳的家居氛围，而与一些蓝绿色相的颜色搭配，则可以塑造清新、优雅的格调。比如在以冰川灰和亮白色为背景的空间中，加入蓝色系中的孔雀蓝和浅松石色，会显得格外时尚淡雅。而换成色相和饱和度近似的岩石灰和沙色的背景色，柔和的氛围更为明显，而且冷暖色调更为平衡。

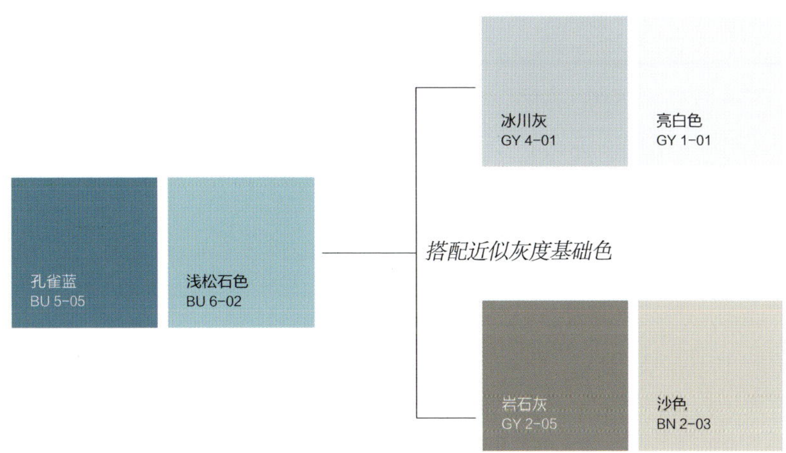

亮白色
GY 1-01

奶油粉色
PK 4-01

灰褐色
BN 2-07

奶黄色
YL 1-05

Dewdrop in the Crane Forest

鹤林玉露

当层林尽染，薄雾消散的时候，花丛中冰凉的露珠唤醒仙鹤内心深处的天性，它们振翅飞翔，盘旋云霄。它们是东方祥瑞的图腾，天空是它们乘风的道场，而树木花丛则是它们安静的家园。它们在林中休憩、嬉戏，享受着与世无争的悠游岁月。

解析：*温馨、典雅、宁静用来形容这个空间极为恰当。在亮白色的空间内，雾色的地毯上，一个印有花鸟图案的灰褐色屏风令人注目，同色的床品与之呼应。亮白色的沙发与淡淡的奶黄色沙发，形成一种温馨的感觉，在奶油粉色的窗帘下，时光缓缓流淌。*

Gustav's Meditation Hall
古斯塔夫的禅堂

迷人的古斯塔夫风格，是北欧风格里最动人、最孤寂的高岭之花，犹如冰山雪莲、空谷幽兰。它美在“旧”和充满“岁月感”，满是记忆的痕迹。它描绘着自然的体态与美感，容纳着古典文化的气息和韵味。

解析：*选用白色乳胶漆、原木材料和纹理斑驳的云石，营造了一个极致通透的空间。在银色地毯上，搭配杏仁色古典家具，具有温润质感的曙光银色窗帘和珊瑚色床头柜可以带来温馨舒适的感受。室内区域借由开放式设计、半通透的云石等，最大限度地利用了窗户引入的自然光线，与拥有自然肌理材质的老物件共同演绎人文风格，凸显出北欧设计的考究和底蕴。*

银色
GY 1–03

曙光银
BN 2–04

杏仁色
BN 3–05

亮白色
GY 1–01

珊瑚色
RD 1–01

烤杏仁色
BN 4-04

冰川灰
GY 4-01

魅影黑
GY 3-05

亮白色
GY 1-01

孔雀蓝
BU 5-05

The Modernist's Betrayal
倒戈的现代派

简约的线条，清爽的色彩，几何的构图，现代派在用工业文明的经验，改造着眼中的世界。非黑即白？也许贵族的蓝色更脱颖而出。少即是多？也许繁复的细节可以击败巧夺天工的陈设。偏执的尽头，有时却是最初的起点。极尽思虑之后，蓦然回首，才发现不经意间自己依旧无法割舍对古典的迷恋，这是倒戈的现代派。

解析：*曾经古老的巴黎式公寓，在设计师的手上重获新生。亮白色的空间背景，搭配了烤杏仁色地毯，冰川灰色的现代沙发，点缀着高雅的孔雀蓝靠包。在亮白色的墙面背景下，采用了以魅影黑为主的现代挂画，从而消解了充满历史文化感的硬装线条，而加入的这些现代艺术品，点缀着空间，大大提升了家居品位。*

亮白色
GY 1-01

暴风雨灰
GY 3-06

庞贝红
RD 3-04

水晶玫瑰色
PK 1-01

蜂蜜色
YL 3-06

Winter Fireworks

冬日焰火

繁华落尽，生命隐藏了自己的行迹，留给风雪去肆虐。绿色退出了视野，灰色和白色铺满了世界。冬日的焰火，是对冰雪世界的嘲讽，红的热烈，黄的温暖，仿佛昙花一现的春天，迸发出冰冷的绚丽，也仿佛落入池塘的一粒石子，荡起层层涟漪。

解析：*亮白色的背景，搭配暴风雨灰的天花板，庞贝红色的现代沙发成为空间醒目的焦点，展现优雅的气质。魅影黑的灯具在亮白色空间中显得十分醒目，水晶玫瑰色的挂画，尽显温柔，上面的蜂蜜色几何图案，充满现代抽象气质。*

Bright White

Floating Cloud

天边的流云

天边的流云，是秋日的波浪，高邈的天穹，任风吹云荡。地面那青铜的色彩，是云在世间的投影，他们滑过田野，滑过荒原，滑过城市，最终和夕阳一起消失于天际。偶尔有风筝在追逐着云彩，那是孩子们在欢笑声中迎接着秋的到来。

解析：*这套案例的美在于色调的完美衔接。亮白色背景色调铺陈出内敛谦恭的低调氛围，配搭张扬的金色装饰品及皇家蓝艺术挂画都是奢华的点缀，层层凸显出奢美与华贵。在材质运用上也极具新意，银色地毯搭配冰川灰色丝棉混纺的布艺窗帘、不锈钢单椅、釉面陶瓷边桌、皮革扶手椅等，材质装饰的混搭运用，令整个空间视觉更加强烈，质感更加高端。*

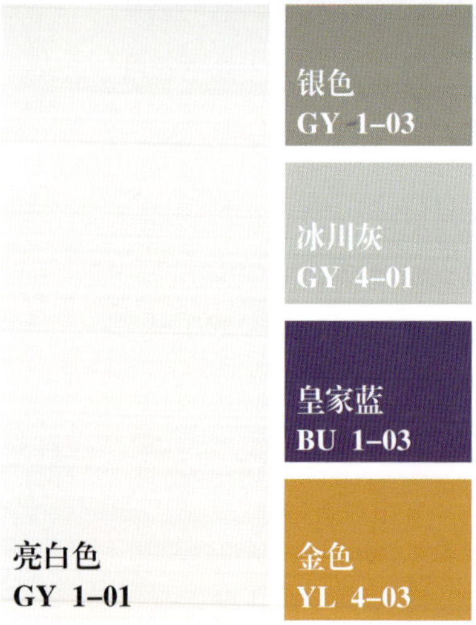

亮白色
GY 1-01

银色
GY 1-03

冰川灰
GY 4-01

皇家蓝
BU 1-03

金色
YL 4-03

Hidden Tree
隐蔽的树

它是生命的精灵，却不想得到你的感恩。你可以看到它的力量冲破束缚，让粉色的阳光照耀着大地，你可以感受到它生命的气息，吐露着蜂蜜的味道。隐蔽的树，是图腾也是理想，是高雅的绅士也是婀娜的淑女。

解析：*这是一套极其素雅的配色方案，突破了古典与现代的边界，带有印花图案的冰川灰背景色壁纸，缓慢而富有张力。柔美的香槟粉色窗帘打破了空间色彩的单调，硬朗气息被女性化的色彩温柔化解。亮白色的天花板、床头板以及灯具可以让卧室呈现出一种自然舒适的感觉。大象灰色的床品，尽显舒适的质感，蜂蜜色的金属框架，以其纤细的线条和醒目的色彩，为空间注入了奢华感。*

亮白色
GY 1-01

大象灰
GY 2-03

蜂蜜色
YL 3-06

Mondrian by the Sea

海边的蒙德里安

当蒙德里安的红黄蓝世界被阳光照晒，被海水冲刷之后，奇妙的几何色块变成了黑白格子，它们交织着布满天空，像一张时尚的网覆盖着深蓝色的海水和洁白的海滩。这是属于现代主义的幻想，被几何解构的世界，一片肃穆与沉默。

解析：*雾色作为墙面色彩，素雅的色调营造出低调观感，米克诺斯蓝色沙发，带来一分清雅与精致。最难得的是天花板的设计，蒙德里安的图案被设计师巧妙地带入家居空间。在一张鲨鱼灰色的地毯上，摆放着暗粉色休闲椅，而两张动物纹墩椅采用了菠菜绿的底色绒布，富于变化的绚丽色彩，令居室多了一分生气与活力。*

Image of Africa
非洲印象

非洲这片土地，是万里黄沙，是苍茫草原，是高山峻岭，又是浪漫海滩，尽显原始朴拙的生命和自然之美。而在家居中，它可以是绚烂的色彩，朴实的雕塑，古老的花纹，粗粝的家具，还可以是震撼的摄影作品，这一切都构成了现代家居中最有力量、最神秘的表达。

解析：*在深牛仔蓝的背景下，空间采用了银色风景壁纸烘托气氛，深牛仔蓝的格子簇绒床具增添了精致的魅力。亚麻地毯上叠加鲜亮的月见草花色地毯和毛茸茸的皮草，同样的色彩还用在了窗帘上，热带植物的图案呼应了城市森林般的空间主题。在床头使用了复古的杏仁色帘头，搭配亮白色窗帘，为空间带来了流动性。*

银色
GY 1-03

深牛仔蓝
BU 2-08

月见草花色
GN 7-01

亮白色
GY 1-01

杏仁色
BN 3-05

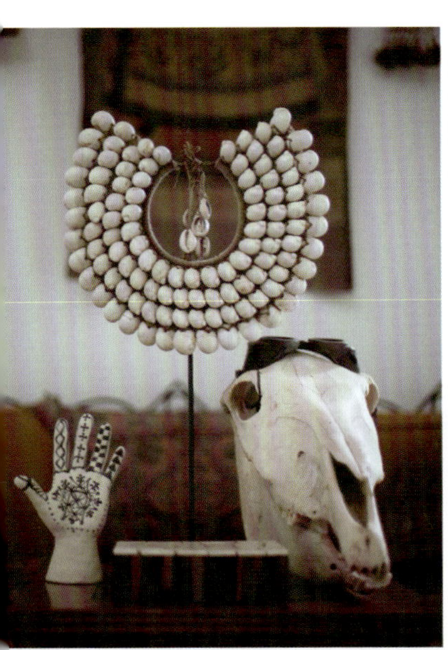

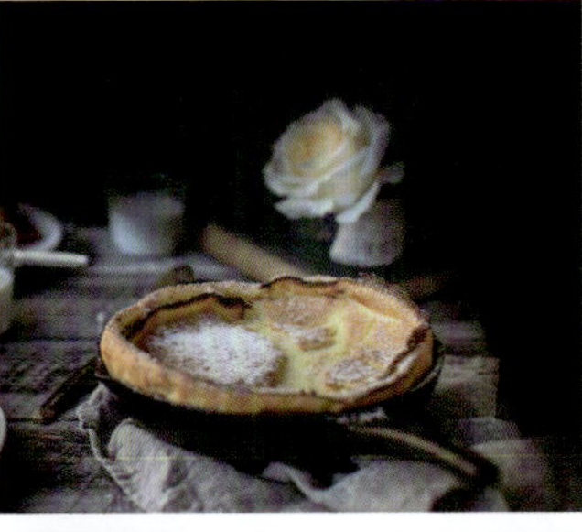

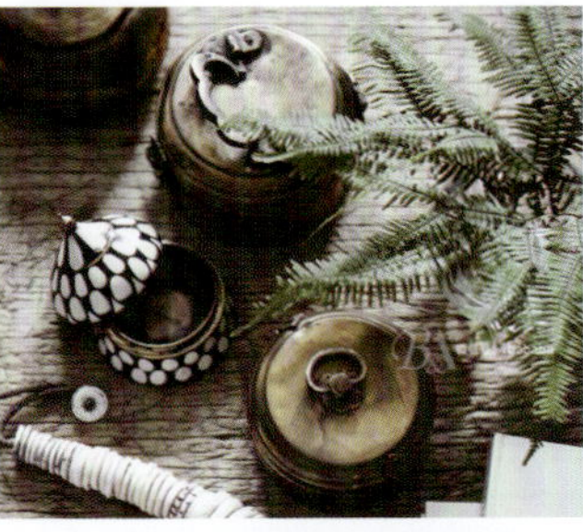

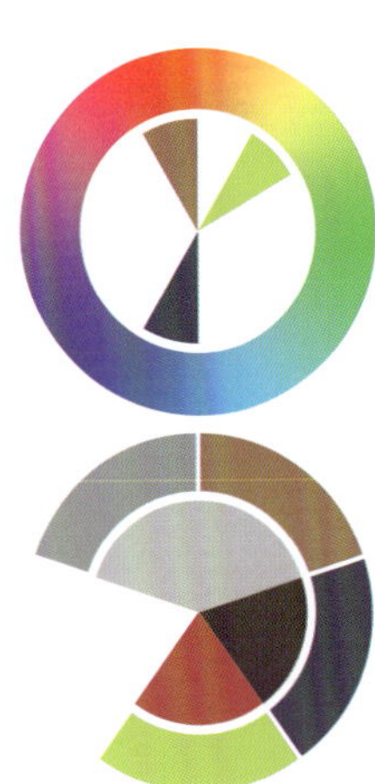

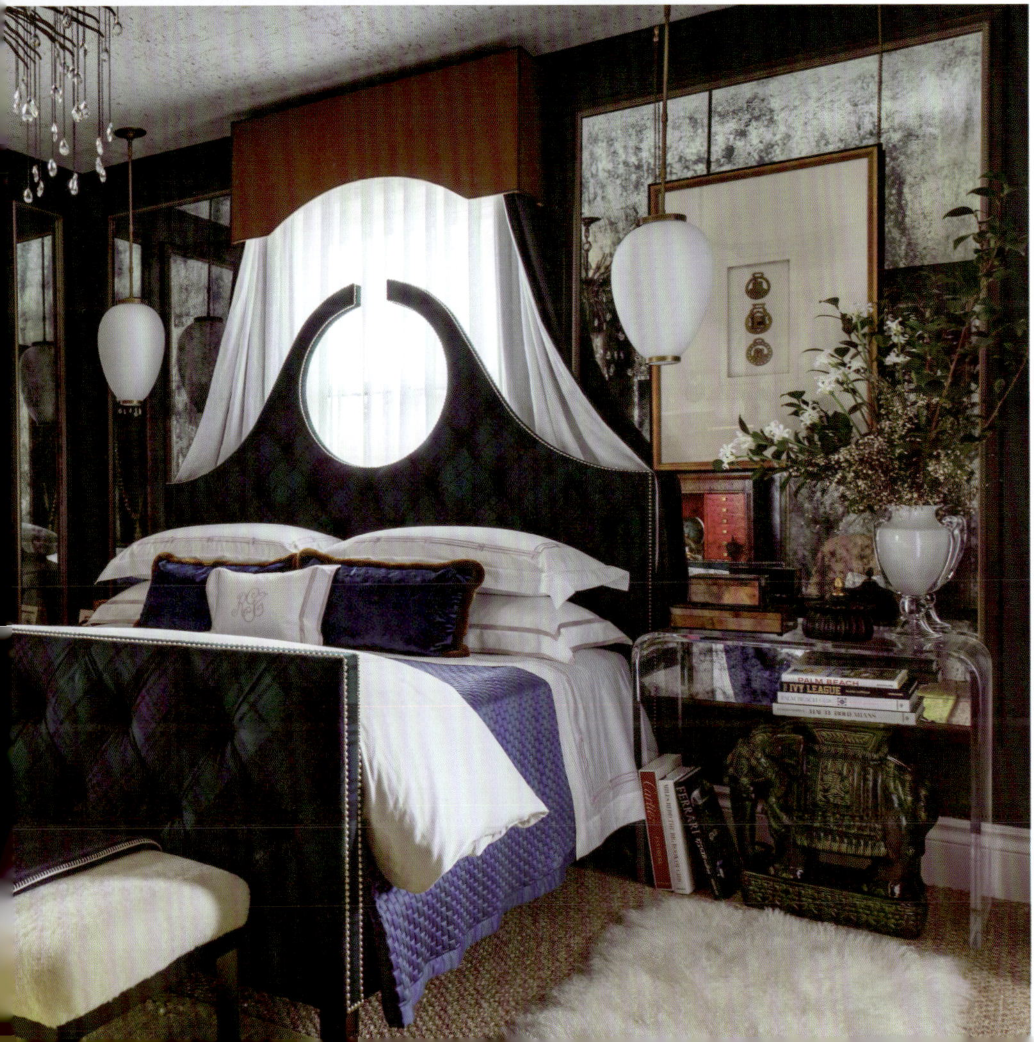
PALM BEACH
IVY LEAGUE
FERRARI

Rain Alley
雨巷

江南的巷子，长长的、曲折的，有说不尽的风情，道不尽的缠绵。江南的雨更美，柔柔地带着淡漠的愁绪，或者有着浓浓的温情。在这样悠长寂寥的雨巷中，撑着油纸伞，品味着这雨、这巷子和寂静带来的愁绪、感伤。是否还希望邂逅一个丁香一样，结着愁怨的姑娘。

解析：*银色作为百搭色可以与任何一种家具或颜色搭配，在这个案例中，银色用于墙面色彩和亮白色的护墙板完美结合。大象灰色窗帘带来的色差，丰富了空间的层次。藏蓝色的餐椅和灰色背景碰撞在一起，奢华的极致魅力无可阻挡。最后点缀蜂蜜色的金属灯具和饰品，提升了空间气质，给人以不落俗套的幸福感。*

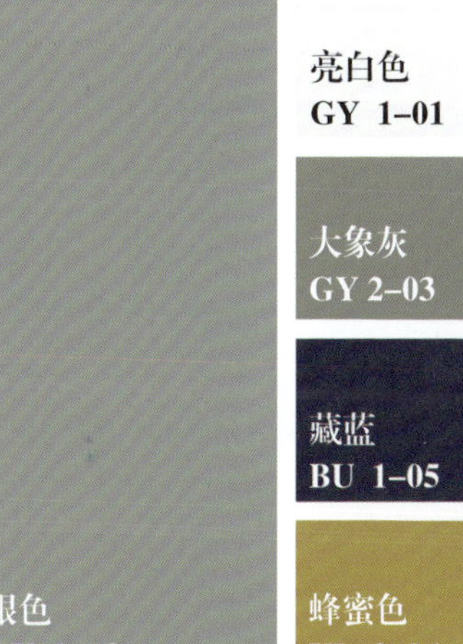

A Dreamy Palm Garden

梦幻棕榈园

茂密的棕榈园，在海风中摇曳。一株株自信孤高，宽大的叶子在舞动中带来丝丝凉风。每一个热爱海洋的人都无法忘却它的柔情，它在海边守望，走过了春秋冬夏，荣枯不改。梦幻的棕榈园，锁住无边的心事，守住海风中的秘密。

解析：*钢灰色棕榈树图案的壁纸和四柱床的床幔使得这间卧室拥有一种梦幻般的宏大氛围，淡丁香色的天花板和床头板又带来一丝甜美。月光色的地毯带来懒散的放松，浅松石色的窗帘和天蓬床的布幔使空间变得柔软而多情。毛茸茸的床尾凳、黑色的雕花茶几和绿色的古典天鹅绒长沙发带来古典的优雅气质。*

The Night in Gothic

哥特之夜

遥远的中世纪，神秘的教堂，高耸的建筑，一切都在信仰的力量下缓慢运转。在这里，你的生命之光、欲念之火、你的灵魂都在等待着一次洗礼。宛若斑斓的玫瑰窗下，洒满一地色彩的光影，站在光影中仰望交叉肋拱的穹顶，感受信仰的伟大。

解析：*打造一间雅致内敛的高端居室，可以选择白鲸灰与深灰蓝的色彩组合。这个案例中，卧室的墙面采用了白鲸灰，亮白色的线条勾勒空间，优雅的四柱床，带来古典的回忆。深灰蓝的窗帘和床品，充满清冷浓郁的色调，在色彩的明暗变化间营造着稳健优雅的视感。银色的地毯，配搭着精致华美且镶嵌蜂蜜色边框的充满韵味的艺术挂画，使整个空间魅力十足。*

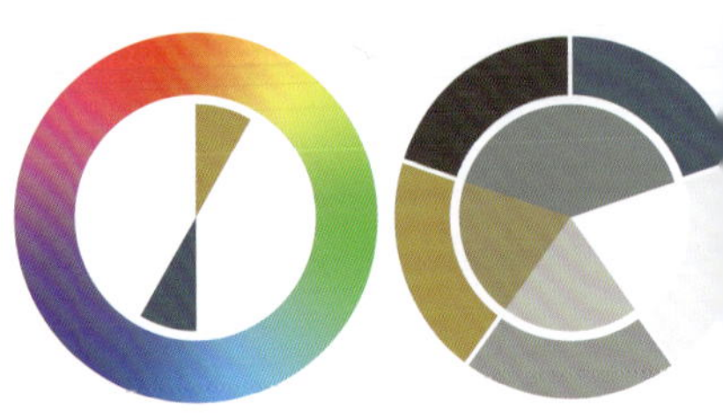

Harping in the Spring
春的絮语

也许春风十里不如你，但你只在梦中，不及路边的枝繁叶茂。当枝头抽出的柳叶遮蔽了阳光，成为梦开始的地方。春天里鲜花盛开，鸟鸣虫叫，而梦里却只有窃窃私语，仿佛有人在低吟浅唱，那风铃叮当作响，是多情的水仙身姿摇曳。

解析：*优雅的田园格调是久经都市喧嚣与纷扰的现代人无法抗拒的心底梦想。在这套案例中，冰川灰底色的植物壁纸搭配着琥珀棕色的老式餐椅，拥有着世外桃源般的浪漫与祥和。纳瓦霍黄色的窗帘，正对着斑驳的代尔夫特蓝色的地毯，室内的绿色植物带来春天的气息，孕育着仙林古堡般的诗意。*

Bell from the Watchman

守夜人的钟声

在黑夜与白昼的边缘，守夜人负责拉开帷幕，他用光明驱散黑暗，也用黑暗吞噬光明。守夜人敲打的钟声，划破了寂静，撕开了混沌。在幽暗中看到冰冷的焰火升腾，而在光明中看到乌云翻滚。

解析：*设计师将空间背景色划分为亮白色与纯黑色，甚至窗帘也大胆使用了纯黑色，强烈的明暗对比，带来视觉冲击。亮色调的蓝鸟色长沙发加入空间中，铺设小麦色的地毯，以亮白色作为其中的调和色彩，在纯黑色的背景上点缀鲜亮颜色，如橘红色。通过对色彩进行艺术形式的重组、融合，整个客厅的颜色流通性得以伸展，空间的戏剧性和张力得以显著提高。*

亮白色
GY 1-01

小麦色
BN 4-01

蓝鸟色
BU 5-01

橘红色
RD 1-03

亮白色
GY 1–01

银色
GY 1–03

青铜色
GY 1–06

岩石灰
GY 2–05

One City One Light

一座城，一盏灯

当一盏盏灯照亮了幽影憧憧的河畔城，当一些闲话被埋葬于夜晚的萧瑟。我们看到一条历史的长河，奔腾而过，不知道从哪里来，又流向何方。这座城里，有多少家族的故事在续写，有繁衍生存，也有悲欢离合，直到与历史融为一体。

解析：*客厅以银白色作为墙面背景，青铜色的长沙发与岩石灰色的单人沙发形成谈话组，并铺设银色的地毯，凸显惬意之感。高耸的天花板与拱形的飘窗，都散发着古典与大气的美感，阳光穿过透明的亮白色纱帘，令室内披上了温暖和煦的外衣。*

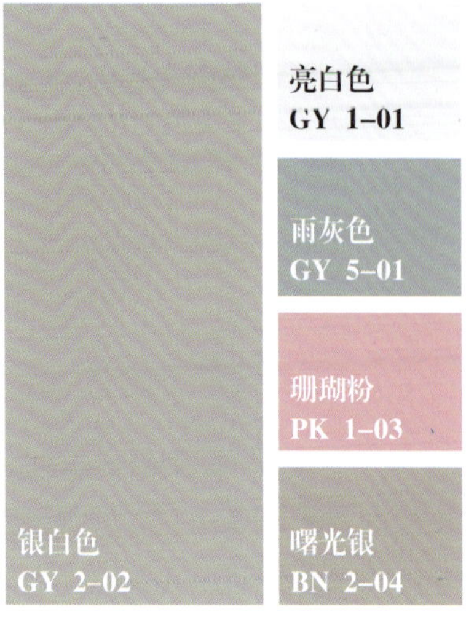
亮白色
GY 1-01
雨灰色
GY 5-01
珊瑚粉
PK 1-03
银白色
GY 2-02
曙光银
BN 2-04

Lonely Garden

孤独的花园

这里长满茂盛的蜀葵，无人采摘，也无人照管，小到片花细叶、蜜蜂瓢虫，大到凉亭楼台和那些鲜为人知的幽深小径，每一寸土地，每一株植物都可以倾听寂寞的呢喃，然后岁月依旧，蜀葵继续生长、凋零，周而复始。

解析：*选用银白色作为墙面背景色，常与优雅相伴，亮白色的床品干净整洁，颇有居家气息。曙光银的床头板背后，配以雨灰色为底色的蜀葵图案印花壁纸，极具女性的温婉柔美格调。一个具有古典美的珊瑚粉座椅安放在窗户边，像是精心包裹的花束，展现最动人的美。*

倾城的时光

从没见过如此温柔，将黑白灰把玩得炉火纯青。灰色的苍老城墙一片斑驳，白色的灰，绿色的青苔，黑色的泥土，它们构成静止的时光。是几许倩影，留下胭脂的幽香；还是转角的夕阳，温暖湛蓝的玫瑰。那些曾经的喧嚣和繁华，被荒草泥土掩埋，倾城的时光，只存在于诗歌和绘画中，让人怀念。

解析：*墙面使用了大象灰的墙纸进行装饰，充满质感。而黑白的艺术挂画装饰墙面，带来满满的现代艺术气息。亮白色的长沙发，在灰色的背景下，显得格外醒目，再添加几个中国红的条纹靠包，仿佛是冰与火的碰撞，巨大的张力使得整个空间变得极其夺目。两个玫瑰花束造型的茶几，一个亮白色的，一个米克诺斯蓝色的，独特的造型和优雅的色彩增加了空间的层次感。*

Elephant Skin

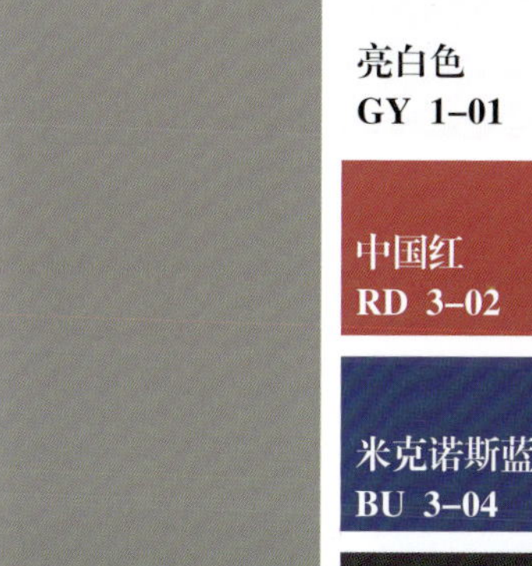

大象灰
GY 2–03

亮白色
GY 1–01

中国红
RD 3–02

米克诺斯蓝
BU 3–04

魅影黑
GY 3–05

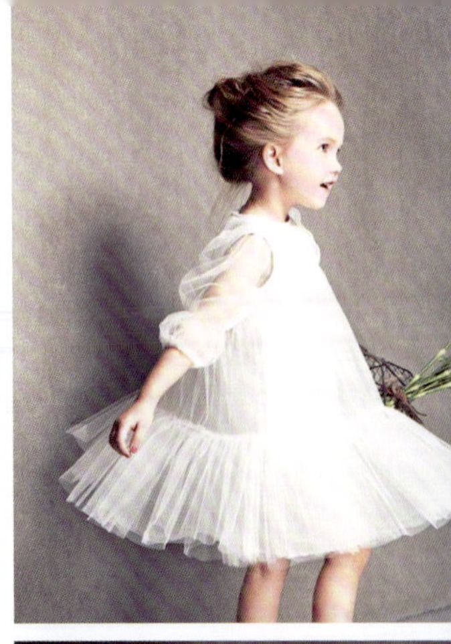

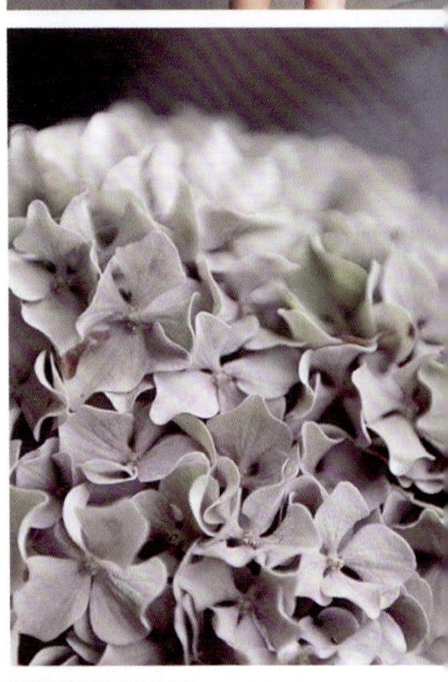

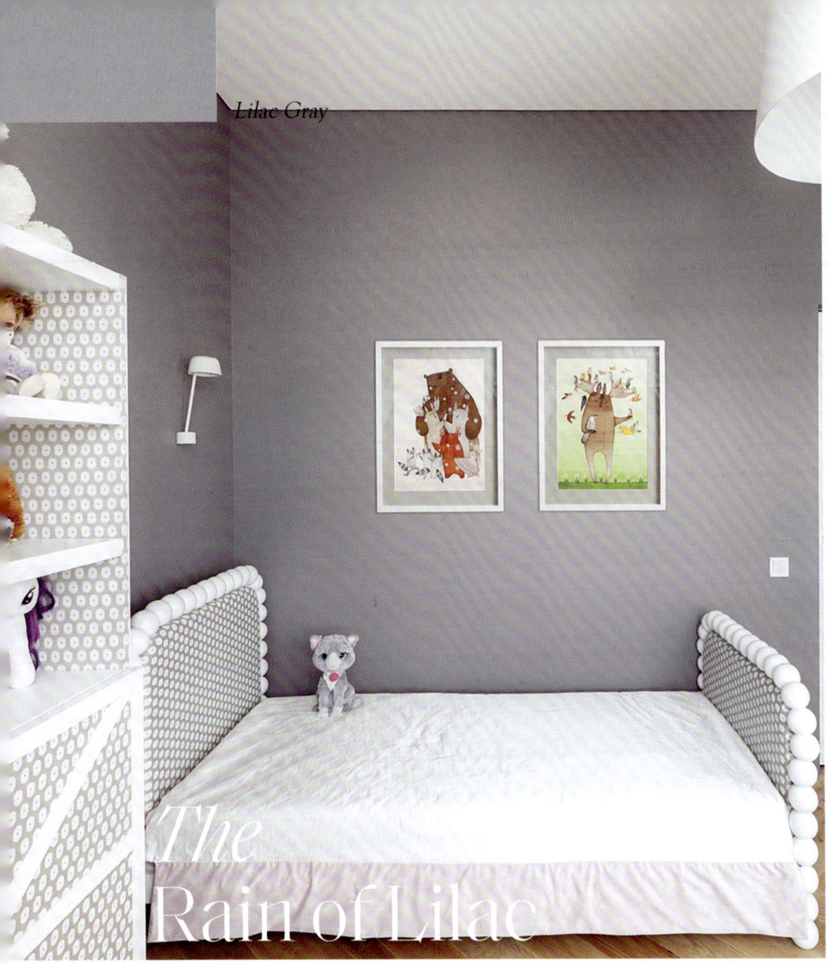
Lilac Gray
The Rain of Lilac

丁香雨

春雨之后，草木湿润，清风拂过，总有暗香浮动。这是阴雨之后，阳光的馈赠。丁香幽幽绽放，翠绿的枝叶，无惧风雨，更无惧寒意，在日落西山的时候，一缕缕橘色的阳光，洒落在林间、花丛中，染红了绿色的枝叶，像火焰在林间跳动。

解析：*经典丁香灰打造出简约的儿童房空间，墙面使用丁香灰色的涂料进行装饰，搭配亮白色的床具、床品和一些简约的儿童家具。床具和储物柜都使用了素灰色为底色的图案进行装饰。墙面悬挂了一幅菠菜绿色的麋鹿艺术挂画，带来清新脱俗的视觉感受，也为空间注入了童趣意味。而点缀上探戈橘色的挂画和玩具为沉静的空间带入一抹跃动与温柔。*

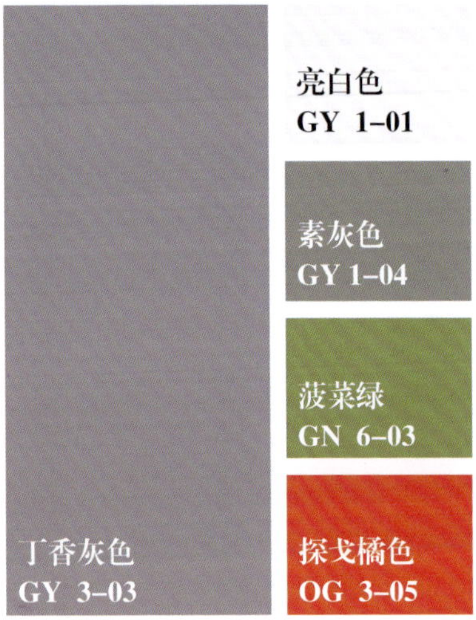
亮白色
GY 1-01
素灰色
GY 1-04
菠菜绿
GN 6-03
丁香灰色
GY 3-03
探戈橘色
OG 3-05

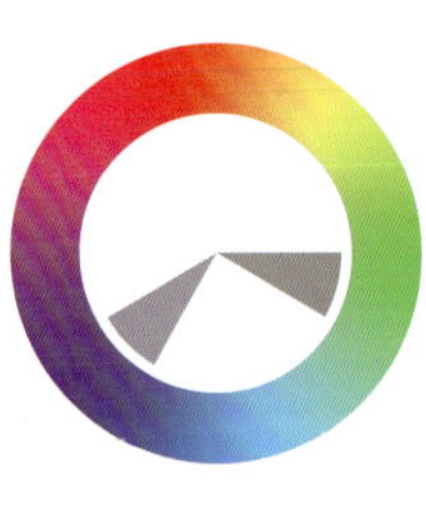

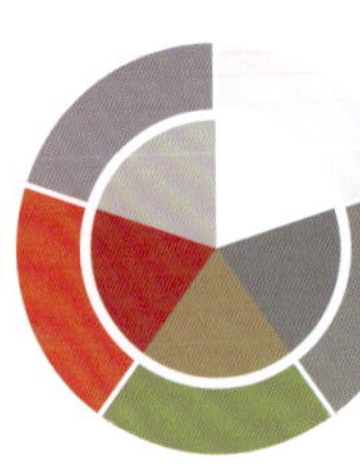

Stories of Birds and Flowers

花鸟物语

鸟语花香，却是故乡的底色；江南风物，尽是山河的年华。东方花鸟是延续了千年的古韵，冰川灰的底色是洗尽铅华的风骨。竹林里的名士，深山中的庙宇，鸟鸣山更幽的意境，都在这寂静的花鸟世界中，获得无尽的生命。

解析：*冰川灰底色的东方花鸟图案，带来了浪漫的情趣。冰川灰背景下搭配晚霞色的床具，和谐而宁静，再配上亮白色床品，整体平静而明亮。这里几乎没有多余装饰，钢灰色床尾凳，和靠墙的杏仁色储物箱，简洁素雅，但是又显得时尚精致。*

Rhapsody on a Windy Night
风夜狂想曲

月亮不知所踪，棕色的大地躲入黑暗，午夜的风在摇撼记忆中过去的一切。午夜的嘉年华，只有在风刮尽一切之后，才能在星海中开启，没有人在意它是在华丽中腐烂，还是在阳光下蒸发。

解析：*墙面上的木作采用了暴风雨灰涂料进行装饰，搭配了充满温暖质感的古巴砂色墙纸以及同色的壁挂装饰。深沉的玳瑁色皮沙发，让空间更为沉稳。古典设计中，在布艺上经常会加入奢华材质，如丝绸、格子花呢或者天鹅绒。书房中的单人沙发则采用了高贵的星海色天鹅绒面料，尽显奢华配置，而古巴砂色墙纸上，奢华的金色镜子大大提升了空间的品位。*

古巴砂色
BN 3-03
玳瑁色
BN 5-02
星海色
PL 3-06
暴风雨灰
GY 3-06
金色
YL 4-03

Memory of the Winter

冬天的记忆

当一阵飘雪之后，大地一片纯白，天上流云飘过，阳光晦朔之间，大地蒙上淡淡的灰色。世界没有了声响，喧嚣变成遥远的回忆，只有远方袅袅的青烟随风飘荡。雪后的世界，在孩子眼中是棉花糖，是云朵，是奶奶鬓边飞扬的白发。多年过去，也许积雪变得稀少，也许寂静不在，但是美好的童年回忆依旧闪闪放光。

解析：*略带朦胧感的天空灰色作为墙面色彩，奠定了宁静素雅的基调。选用沉稳低调的灰褐色作为布艺装饰色，用于床幔，那一分空灵与细腻无法抗拒。位于床尾处的银色扶手椅，既舒适又充满古典气质。亮白色在空间中被用于勾勒线条，既拓宽了视线，又与一旁的灯具相互辉映。在床上添置几个暗柠檬色的靠包，将柔和之美推向了极致。*

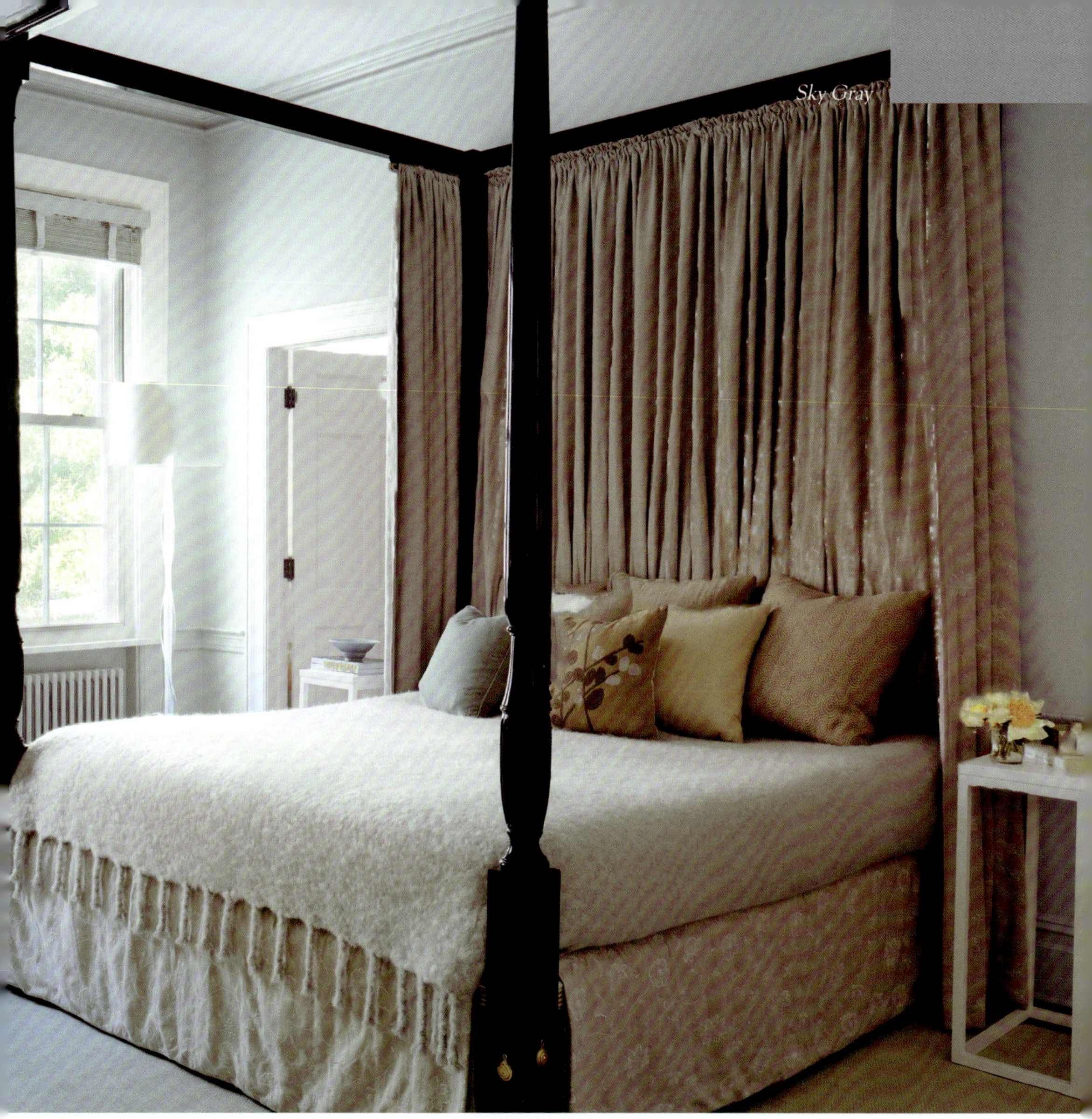

天空灰
GY 4-03

灰褐色
BN 2-07

银色
GY 1-03

亮白色
GY 1-01

暗柠檬色
YL 2-04

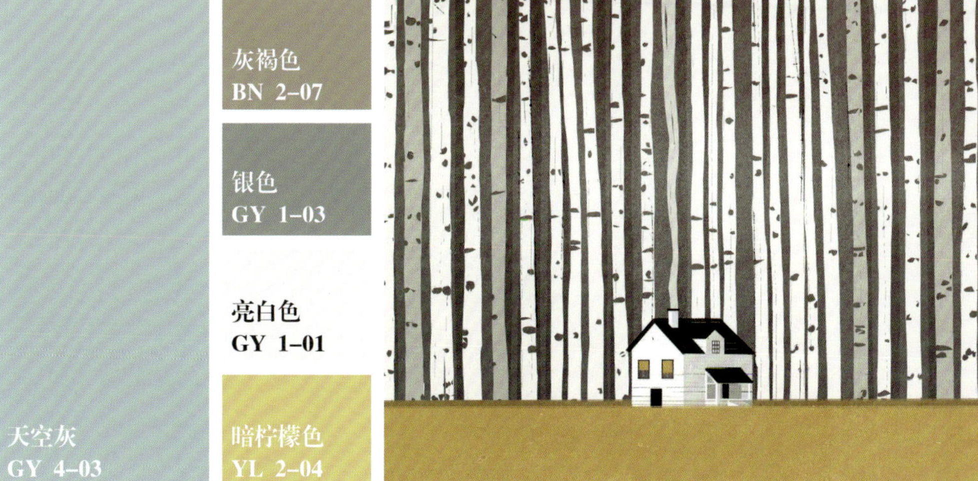

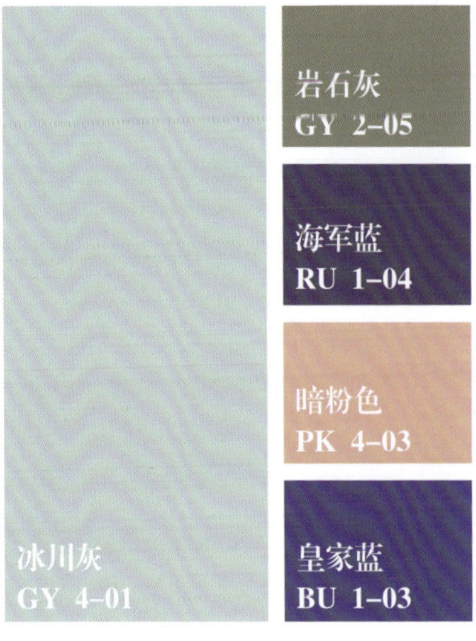
岩石灰
GY 2–05
海军蓝
RU 1–04
暗粉色
PK 4–03
冰川灰
GY 4–01
皇家蓝
BU 1–03

The Brooklyn Follies

布鲁克林的荒唐事

布鲁克林是一块神奇的地方，它是善与恶的两面体，是财富与贫穷的双生花。它有着古典的优雅气质，又有着现代的放荡不羁。在这里一切都有可能，每天都发生着许多不可思议的故事，要把荒唐事办得顺理成章。

解析：*冰川灰作为墙面和地毯的色彩，搭配岩石灰窗帘。现代造型的海军蓝多人沙发搭配极其前卫的皇家蓝茶几，充满了现代艺术感。而古典的单椅、烛台、灯具等起到了很好的烘托效果。暗粉色的靠包和墩椅作为点缀色，在灰色背景的冷静沉稳下诠释了青春该有的颜色。*

Songs from the Sky

云中歌

云中歌，童年的幻想，似乎总能在云间听到清脆的歌声。云中歌，也是成年的浪漫，爱与快乐总会化作歌声在云中飘荡。时光流过，岁月拉长，几丝微凉，淡淡墨香。一曲骊歌在云间环绕，是青春做伴，时光静好的回响。

解析：*当疲倦的城市在深夜里渐渐沉睡，也许会有一片皎洁、美好的月光把它诗意地笼罩，细润的情怀在无奈的思量中重掀起一些意象。这个案例中每一个细节设计都令人垂爱不已。冰川灰墙面与银白色地毯相交，加之棉花糖色窗帘与沙发茶几的映衬勾勒，打造出优雅质感。孔雀蓝沙发与靠包的加入令整个空间风韵更佳，魅影黑的适当点缀，让那分柔和与舒适发出慵懒的声音。*

Glacier Gray

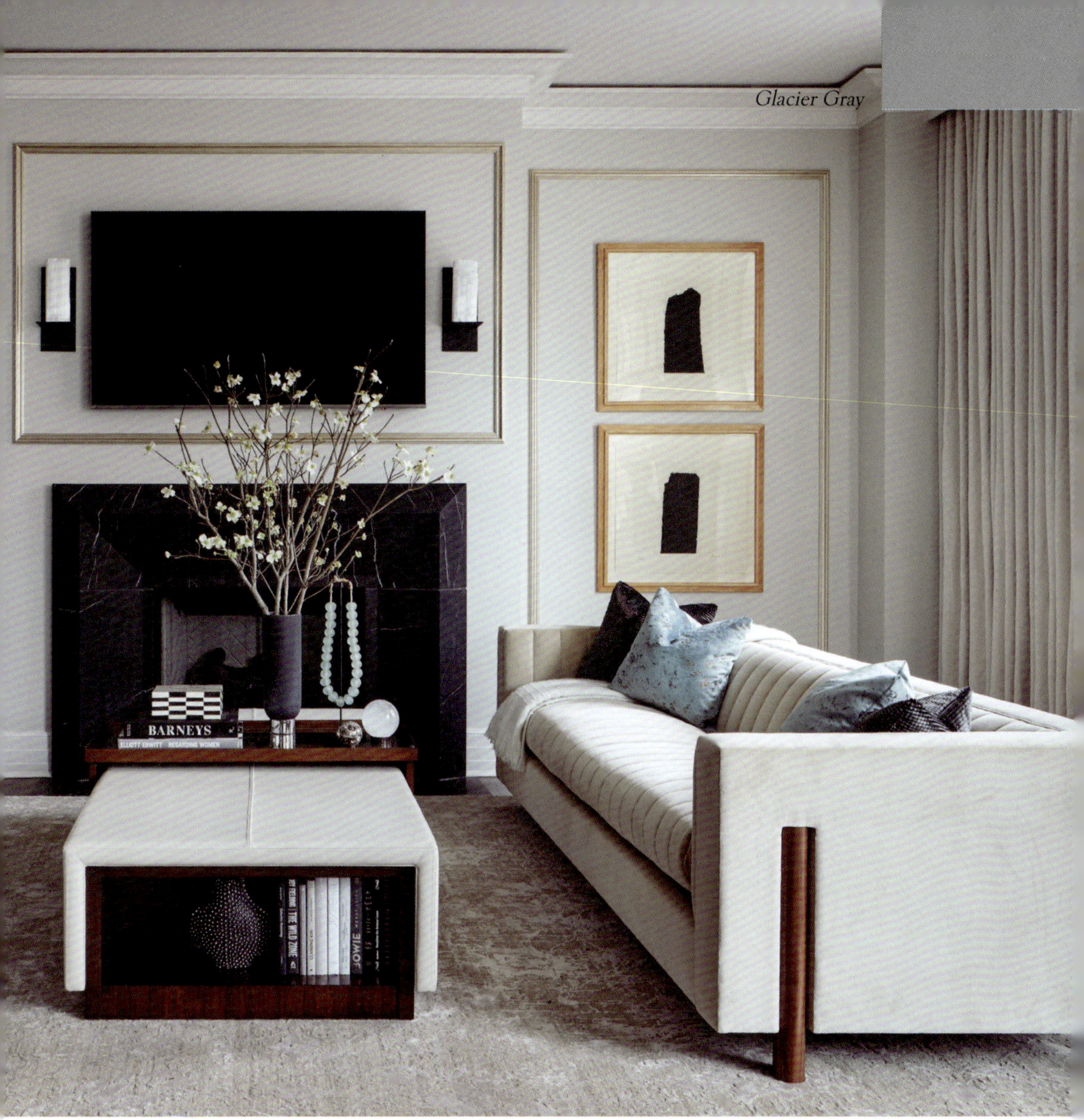

冰川灰
GY 4–01

银白色
GY 2–02

孔雀蓝
BU 5–05

魅影黑
GY 3–05

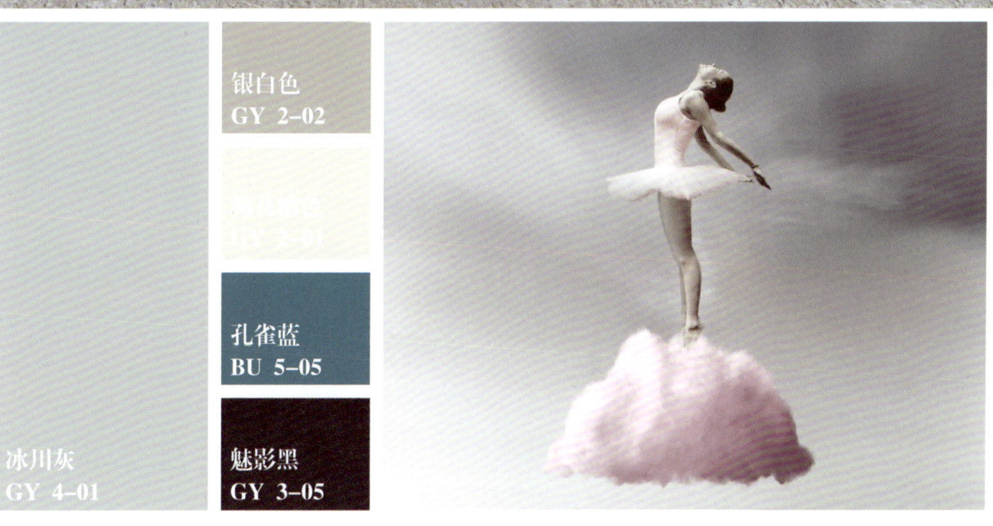

Sonata of Islands
岛屿奏鸣曲

它没有险峻与苍茫，也没有突兀和潮冷。它在冰冷的天际线上，星罗棋布，像一个个灰色的音符，在海洋中奏鸣。岛屿的表面温柔地起伏，每一寸土地都沐浴在柔和的阳光中，像要融化的冰激凌，那远方闪着光芒的蓝宝石，是一汪汪蓝色的湖水倒映着阳光。

解析：*优雅的冰川灰空间，纯净的柔和蓝靠包，蓝色调与灰色调相碰撞，给空间带来的是宁静中正的韵味。没有太过跳跃的色彩，顶多加入一些明亮的金属色泽装饰品，或搭配温暖的晚霞色窗帘，这些活泼的因素却被沉静的烟灰色长沙发和地毯所吸收。曙光银色单人沙发，搭配上深海蓝色抽象线条挂画，空间感依旧淡雅与平和。*

Glacier Gray

冰川灰
GY 4-01

烟灰色
GY 3-01

晚霞色
YL 2-02

曙光银
BN 2-04

柔和蓝
BU 5-02

BROWN *System*

棕色系

棕色，是层次感最丰富的色彩，也是最富有人情味的色彩。它所带来的遐想空间远超其他色系。它有厚重浓郁的一面，古老的木材，沉睡的土地，以及那些不知道出自何人之手的陶罐、陶俑。它也有轻盈飘逸的一面，如同飘扬的裙裾，凌乱的头发。棕色带给人的不仅仅是离离原上草的岁月感叹，也有大漠孤烟，长河落日这样荷尔蒙十足的视觉感受。棕色系的百搭特性，赋予了室内空间更多圆润、和谐和温馨的氛围。

配色应用

Color Matching Application

棕色代表着土地，是任何房间设计的坚实基础。它使房间显得朴实，给人一种丰富感。棕色还是一种奇妙的中性色，适用于任何室内风格。从浓郁的苦巧克力色到柔和的沙色，都是绝佳的均衡色。无论你是使用它来突出更强、更明亮的颜色，如嫩黄色、毛茛花黄和柠檬绿，还是用它来淡化房间，棕色都是一种理想的色彩。如果你以正确的方式使用棕色，那么它将永恒且持久。

有些棕色显得很厚重、坚固且令人安心。它们适合与天然材料完美搭配，并且在墙壁、地板和室内装饰上使用时，可鼓励人们放慢脚步，保持舒适和放松。尽管棕色很少引起人们的注意，但是当与任何其他颜色配对时，它都可以帮助你实现视觉上的突破。

棕色还是一种非常人性化的颜色，它容易使人联想起外面最安静的元素：树干和树皮，山脉和大地，并将这种联想引入室内，带来安静、舒适的感觉。它与灰色搭配也非常好，既可以增加对比度，又可以两者搭配使用成为空间的基础色。

常用棕色

推荐搭配思路

—— *巧克力棕色与奶油色和橙色结合带来的是绅士的优雅气质。奶油色与棕色的对比表现出温暖、精致，在留白中加入爱马仕橙的点缀，为家居空间带来无穷魅力。还有一种棕色和白色的清新经典组合，采用深灰褐色的背景色，混合各种纹理，例如真丝天鹅绒靠包和羊绒毯子等，使配色保持纯粹而不会感到无聊。*

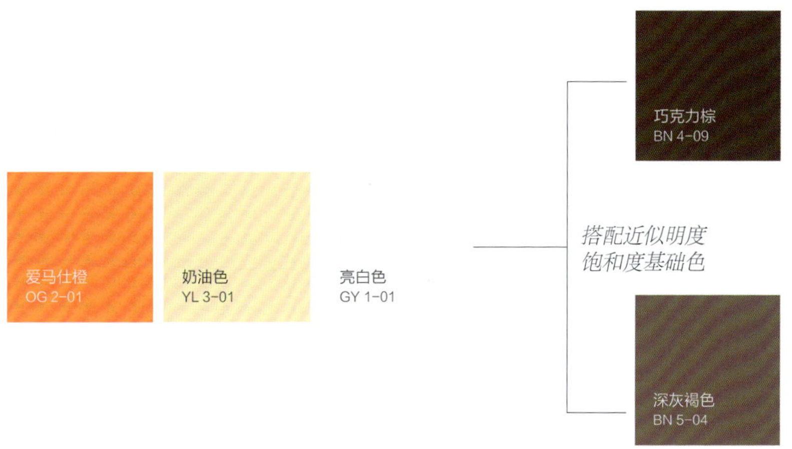

—— *我们经常将棕色与米克诺斯蓝和纳瓦霍黄色搭配起来使用，因为它们可以很好地互补，使外观更加柔和。而棕色与酒红色或者明度较低的绿色组合，会带来庄重的感觉。比如玳瑁色与互补色墨绿色搭配，彼此得到了更好的体现，从而让空间显得绅士优雅。当然，无论你的设计如何与众不同，棕色的配色方案都是提升房间风格的完美之选。*

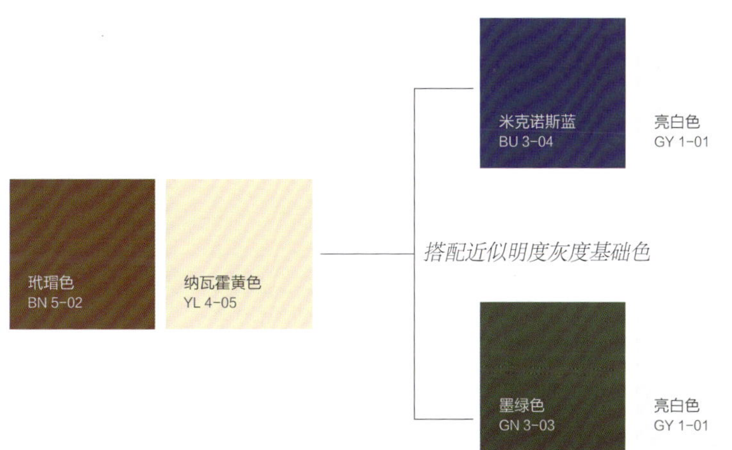

The Heather in the Wilderness
荒原上的石楠花

迷恋自然的美妙，常常漫步于荒原，采撷着盛开的石楠花。时光常常停留在青春的记忆中，一束盛开的花朵，一片远方飘来的落叶，一厢情愿的梦幻。生命的曲折与变化，注定让诗意的栖居变得充满故事，石楠花绽放的时候，也许有些人注定要错过，留一些思念在你的家中。

解析：*没有张扬的色彩，也没有奢华的家具，但是百灵鸟色的背景搭配红色花卉地毯，带来的是宁静。浅灰蓝色的窗帘和摩洛哥蓝的包布沙发，同色系之间的对比，既和谐又带来层次感。橙赭色的单人沙发，拥有些许田园的感觉，和亮白色的多人沙发搭配，朴实且低调。*

Lark

百灵鸟色
BN 2-01

浅灰蓝
BU 2-02

摩洛哥蓝
BU 4-05

橙赭色
OG 2-02

亮白色
GY 1-01

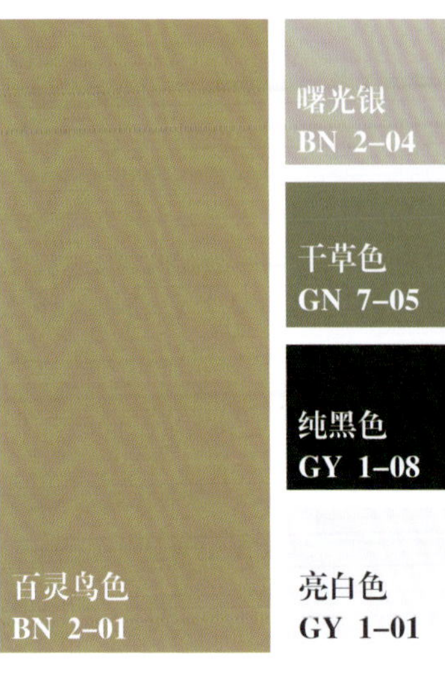
曙光银
BN 2-04
干草色
GN 7-05
纯黑色
GY 1-08
百灵鸟色
BN 2-01
亮白色
GY 1-01

Grand Songs of the Frontier
塞外的浩歌

大漠孤烟，西风凛冽，带走一声千年的轻叹。冰姿玉骨的春花做了塞外黄沙的美景图画，阴山敕勒的琵琶和葡萄美酒入了汉家。在苍茫的牧野上，穿透时光，遍览苍凉与悲壮，倾听一段曲调悠扬而又铿锵的塞外浩歌。

解析：*墙面涂料使用了柔和的百灵鸟色，醇厚而温暖。曙光银的地毯和墙面构成了基础的中性背景，加入干草色的多人沙发更显和谐。亮白色的墙面装饰和黑色钢琴以及其他饰品，形成了强烈的明暗对比。*

Modern Cottage
现代农舍

遥远的村落，宁静的原野，风刮过树林的声音。这些熟悉的自然环境，在都市中显得格外遥远，所以回归田园成为许多人心中的梦想。当然，此时的田园，往往具有现代的气息，精致的设计，舒适的触感，加上自然的装饰元素，这一切带来家居的终极体验。

解析：*这个案例将农舍的宁静自然和现代的浅淡舒适演绎到极致。沙色的墙面装饰与亮白色的装饰线条相得益彰，罗马帘也使用了纯洁的亮白色。在冰川灰的地毯上面，摆放着曙光银色的包布沙发，舒适惬意。而壁炉上方，魅影黑的装饰摆件搭配着黑白色风景画，带有沉稳和庄重的气息。*

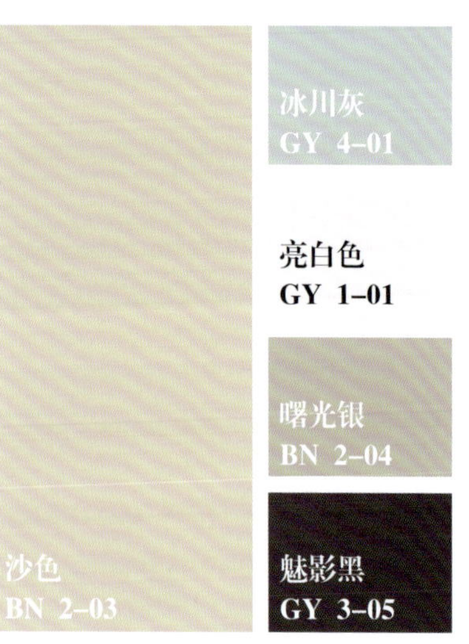

Sandshell

Sunset in Palm Garden
棕榈园落日

远离车马喧嚣，一片微风入林，在落日的余晖中，棕榈园显得如此静谧。热带的气息，在棕榈树间萦绕，化作摇曳的微风，仿佛一种世代相传的婉转小调，不变的旋律飘动着，你不知它从哪里来，到哪里去，也许是一片永远被遗忘的世外桃源。

解析：*最引人注目的莫过于沙色与冰咖啡色构成的墙壁。这款带有热带植物图案的亚麻壁布，增强了豪华纺织品的质感深度。而醒目的竹节设计的床架，迎合了这种设计主题。金棕色的家具与空间背景的色调相协调，曙光银的地毯，带来现代的秩序感，使人联想起黎明和黄昏时分的热带植物，充满戏剧性效果。*

冰咖啡色
BN 3-04

亮白色
GY 1-01

曙光银
BN 2-04

沙色
BN 2-03

金棕色
BN 2-08

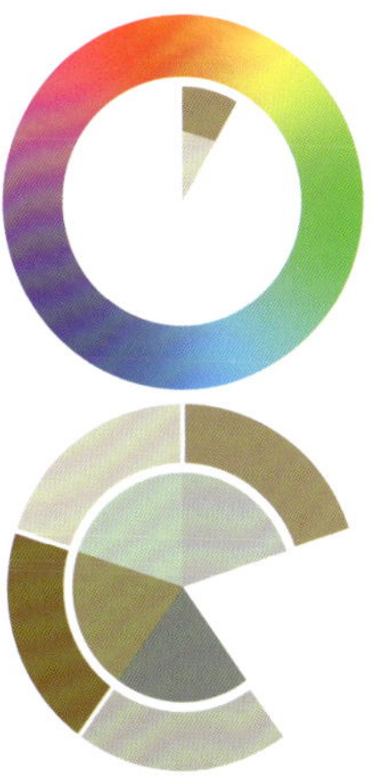

Blow All Night

昨夜长风

一夜长风，卷去万里长云，蛮荒的天地中，除了黑暗还有流动着的金色月光。寂静的夜，在呜咽的风中显得格外凄清。在灰蒙蒙的光线中，一处处粉红色的娇羞，那是绽放的丁香，清甜的气味，丝丝沁入夜色中，幽幽浮动，旋即被风吹散，化开在空气中。

解析：*这套案例中，墙面及窗帘布艺都采用了灰褐色，惬意而自在。搭配冰川灰色地毯，就如同清泉与土地，有种自然系的美妙。淡丁香色的家具像是生长出的小花，又表现出丝丝的甜美。魅影黑的家具以及金色的床搭则增添了艺术的气息。空间里的现代混搭装饰品，无一不在表达着高品质的生活标准。*

Chesil Beach

切瑟尔海滩

英格兰多塞特郡的切瑟尔海滩，海岸线漫长，一望无际的沙洲，迎接着海浪的冲击。这里裸露着的粗粝岩石，孤零零地审视着无尽的海岸。在空荡的海滩上，在一艘破旧的渔船边，仿佛看到恋人的分别。极简的构图虽然带来无尽的视觉舒适，但是淡淡的蓝色调却仿佛飘出绵绵的忧伤。

解析：*墙面装饰上大面积使用灰褐色，尤其在天花板较高的空间中，显得格外优雅。它与亮白色的基础色搭配，具备强烈的可塑性。空间中使用了浅灰蓝色的地毯，而壁炉上方的艺术挂画也采用同样颜色，客厅中的沙发带有古典的优雅线条，搭配着轻柔的水晶玫瑰色和橄榄绿，轻盈而活泼。整体空间，既有现代的气息，也有古典的韵味，两者结合得恰到好处。*

浅灰蓝
BU 2–02

水晶玫瑰色
PK 1–01

橄榄绿
GN 7–04

灰褐色
BN 2–07

亮白色
GY 1–01

Best Time
最美的时光

最美的时光，是静好的岁月，有和煦的阳光、春天的风和夏天的彩虹。年轻时追求波澜壮阔，而中年后追求沉静自然。简单的几笔色调，温馨的几款材质，就可以为你勾勒出一个舒适的家，在这样的怀抱中，沉入时光，守住美好。

解析：*卧室空间使用了灰褐色的墙纸，精细的图案和舒适的纹理，为空间营造了温馨的感觉。沙色的地毯上摆放着现代造型的栗色沙发，搭配着亮白色的现代造型台灯，显得简约而时尚。淡金色的床头板和背景形成了颜色差，增添了空间的层次感，而且丝绒的质感也和背景的质感形成了对比。*

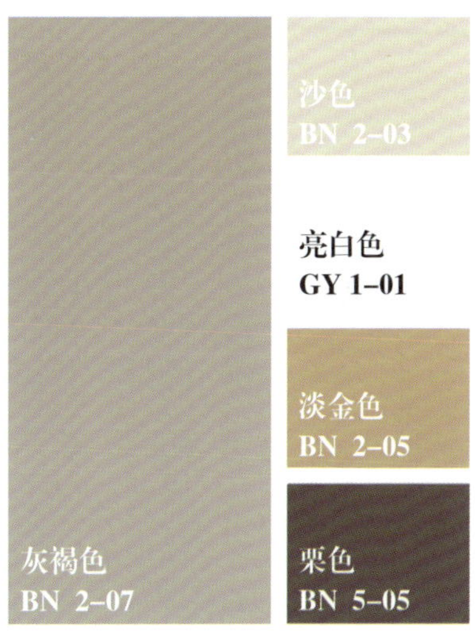

Peter Pan's Dream
彼得潘的梦

拒绝长大，无法与青春告别，就如同永远都长不大的彼得潘，它的世界里有的都是美好的梦想。每个成人心里都住着一个彼得潘，守住孩子的纯真，依旧做着不切实际的梦。家居是梦想尽情遨游的地方，就如同儿时玩耍的积木，按照你的想法搭建起属于自己的家。

解析：*这是一个舒适且温馨的古典风格卧室，灰褐色的墙面壁纸，丰富而抽象的花卉图案，赋予空间活泼的背景。曙光银色的地毯，带来柔软舒适的感觉。银白色的窗帘和沙发，在亮白色的床品衬托下，恬淡素雅，而一对婴儿蓝色的单人沙发成为空间最优雅的点缀。*

曙光银
BN 2–04

银白色
GY 2–02

亮白色
GY 1–01

灰褐色
BN 2–07

婴儿蓝
BU 2–01

霜灰色
GY 3–04

亮白色
GY 1–01

庞贝红
RD 3–04

清池色
BU 4–06

灰褐色
BN 2–07

The British Years
英伦时光

这里远离大城市的喧嚣，与世隔绝，它的超然之感又与工业时代的气息相得益彰。它有英伦绅士的高贵优雅，又充斥着工业时代的粗犷和张扬。沉淀下来的英伦时光，不火热却也不冷漠，就像是四季和谐的盛衰轮回，给人以岁月静好的安稳与惬意。

解析：*砖墙带来工业气息，与灰褐色的墙面色彩十分协调，窗帘使用了中性色调的霜灰色。空间中加入了一些英式风情，红白格子呢包裹的床头板，庞贝红色的床尾凳和清池色的单人沙发遥遥相望，而黑白照片的装饰，让空间变得明亮起来。*

亮白色
GY 1-01

蓝鸟色
BU 5-01

银白色
GY 2-02

古巴砂色
BN 3-03

灰绿色
GN 5-04

The Motao River

魔涛河

黄金巷中没有黄金，而魔涛河畔也常年不闻涛声。美丽的布拉格，盛景相接，而落日下的魔涛河波光潋滟，在河上，查理大桥两侧众多高大的铜像熠熠生辉。静静流淌的魔涛河，仿佛轻快圆融的华尔兹，让人忘却烦忧。它孕育出众多的作家和艺术家，灿若星辰，照亮了时代的天空。

解析：*卧室的背景使用了温暖醇厚的古巴砂色，而地毯引进了日本浮世绘的元素，流行的蓝鸟色波浪在中性色的背景下显得生动活泼。在定制的床上，银白色的床品由Pierre Frey品牌丝绸制成，长凳使用黄铜做支架，显得雍容华贵。床头背景墙上是石膏浮雕制成的云朵，而装饰艺术的镀金柜子用流行的灰绿色装饰。*

Winter Sunshine
冬日暖调

冬日会让人感觉畏惧，又让人感觉快乐，除了所有繁复的遮掩和装饰，世界以一种极其简单的方式呈现在我们面前。而大地本身的色调，泥土、岩石以及凋零的树木，却呈现着温暖的色彩，它们仿佛就是为了告诉你，冬天的后面不是秋。

解析：*冰川灰墙面既有天空云朵弥漫的质感，又像是沾染了凡尘气息的雪地，棉花糖色的窗帘带来温暖，却更加让人感受到静寂。如此背景之下，棕色更像是雪地上踽踽独行的动物。淡金色的皮革和古巴砂色绒面材质的沙发无疑是带来暖意的最佳选择，清冷的婴儿蓝又似乎在拉扯着那一分属于冬日的孤寂和高贵的感觉。*

Enjoy in the Late Autumn

深秋写意

深秋是风气萧索，白露为霜，是遍地枯萎的落叶和衰败的草木，这种气象中，却可以看到秋天独特的美。秋天是厚重的，没有了冬天的单调，夏天的刺眼和春天的繁复，它以自身最单纯、最质朴的色彩面对一切。秋天又是伤感的，仿佛是一种离别的惆怅，万般不舍的分离，它也因此充满了思念的情愫。

解析：*窗外的一部分光线被天花板的弯曲部分遮住了，别致的弧线，让空间与众不同。卧室采用了冰咖啡色的木纹贴面壁纸。雨灰色的床头板包布和床品，搭配着珊瑚金色的靠包。老式扶手椅，使用了Romo品牌的浅薰衣草色马海毛天鹅绒面料。亮白色的亚麻绣花窗帘，与床上方拉脱维亚艺术家Janis Schneider的绘画相互呼应。*

Iced Coffee

冰咖啡色
BN 3-04

雨灰色
GY 5-01

亮白色
GY 1-01

珊瑚金色
OG 2-04

浅薰衣草色
PL 2-01

Thoughts of the Dusk
黄昏的遐思

黄昏是明与暗的交界，黑与白的模糊边缘。黄昏时，色彩变得复杂而飘忽不定。蓝色的天空变得阴沉黑暗，白色的云变得金灿灿，浓烈异常。烈日失去了霸气变得温顺，土地焕发活力，草木在晚风中摇曳。

解析：*空间墙面采用小麦色，而天花板和单椅借由海蓝色的高冷来提升空间的气势，使人在脑海中形成挥之不去的深刻印象。精致的窗帘盒能为帝国黄色的帘幔带来强大的装饰感，各式各样精美的飞檐造型令边角格外出挑。红黄镶嵌，加以蓝色点缀，像振翅欲飞的蝴蝶，又如中式屋檐俏皮的外形。魅影黑色的灯罩以及壁挂，带来了折中主义的美感。*

帝国黄
YL 2-03

海蓝色
BU 4-01

亮白色
GY 1-01

小麦色
BN 4-01

魅影黑
GY 3-05

Chocolate
浓情巧克力

醇厚的巧克力，温馨顺滑的滋味在口中融化，甜蜜侵入身体的每一个细胞。从食物出发，却常常落足于童话和故事，巧克力被赋予甜蜜、热情的含义，同时给人勇气去面对现实的欲望。在浮躁的时节里，别忘了在甜腻的气息中，将你的故事娓娓道来。

解析：*客厅采用了古典与现代混搭的方式，丰富的装饰元素并没有带来混乱，相反更加强化了生活气息和艺术气质。空间墙面使用了画眉鸟棕色，搭配亮白色的木作和艺术挂画，形成了色彩的自然过渡，切斯特菲尔德沙发使用了优雅的罗甘莓色，充满了女性魅力，旁边古巴砂色的坐塌，极其舒适。而菠菜绿色的花卉点缀，仿佛巧克力上浮动的一丝抹茶味奶油。*

Thrush

古巴砂色
BN 3–03

亮白色
GY 1–01

罗甘莓色
PL 3–05

画眉鸟棕
BN 4–03

菠菜绿
GN 6–03

Sunset Encountering
路过夕阳

少有人守望夕阳，因为它无可奈何，总带有别离的忧伤。所以夕阳总是不经意间的邂逅，下班的路上，公园散步的时候，抑或晚饭时偶然的一瞥。它收敛了光芒，消减了热量，晚霞中一片沉寂的棕色土地，都是一幅美丽的风景，人们可以肆无忌惮地直视它，去尽情地欣赏它的美貌。

解析：*这个现代公寓中，营造了一个棕色调的现代酒吧氛围。亮白色的厨房中，将最基础的画眉鸟棕用于橱柜上显得低调，极具衬托作用。大型皮革吧椅，采用了琥珀棕的色彩，对木质厨房的色调有提升作用。台面以及挡板使用了活泼的大理石。珊瑚色的枝形吊灯和紫罗兰的花卉，为空间注入了女性的优雅气质。*

Thrush

亮白色
GY 1-01

琥珀棕
BN 5-01

珊瑚色
RD 1-01

紫罗兰色
PL 2-04

画眉鸟棕
BN 4-03

Fairy Tale of Time
光阴童话

在童话的世界里，有着最完美的刻画，它是一切愿望的汇集。我们常常把真、善、美都融入童话的世界，打造出一个皆大欢喜的结局。然后，童话不可避免地伴随着成长而逐渐变得陌生，成人的世界里，家居也许是最后的童话世界，这里的一草一木往往都倾注了穿越光阴之后，留下的深刻印记。

解析：*当亮白色的花鸟图案出现在月光色的丝绸上时，这种东方的古典美，变得无以复加。白色图案似羽毛般轻盈，精致的工艺让其栩栩如生。在曙光银色的地毯上摆放着优雅的古典家具。在亮白色素雅的布艺装饰下，点缀了橘红色的靠包和金色的挂镜。*

Moonlight

曙光银
BN 2–04

亮白色
GY 1–01

金色
YL 4–03

月光色
BN 4–05

橘红色
RD 1–03

Dinner in the Upper East Side
上东城的晚宴

害怕在平庸人生中浪费生命的人们，却流连于璀璨耀眼的社交派对。西方都市里的东方魅力，是梦想和欲望的发源地，也是最后享受生活的落脚点。异乡的奢华生活，无法让人忘却骨子里的东方血脉，哪怕是灯红酒绿的上东城晚宴。

解析：*这是一个极其美妙优雅的餐厅案例。定制的纳瓦霍黄色餐桌被驼色的椅子围绕着。墙面的壁纸以玳瑁色为基底，承载着枝繁叶茂的植物，搭配着湖水绿的木作，充满了古典的优雅气质。老式吊灯来自John Salibello品牌。粉黄色现代挂画，带来现代的气息。整个设计既奢华又倾向于展现历史细节。*

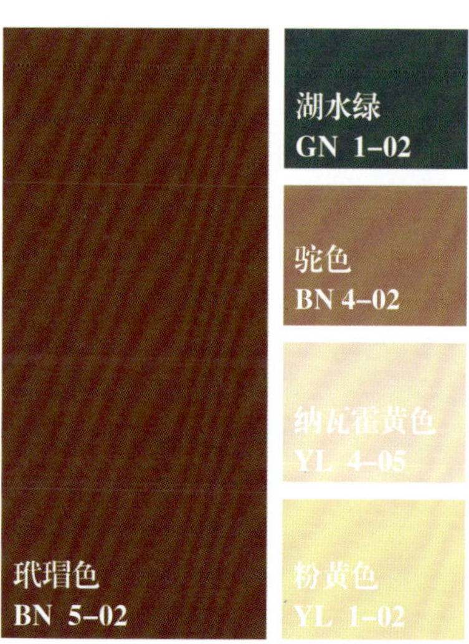

深灰褐色
BN 5-04

月光色
BN 4-05

曙光银
BN 2-04

宁静蓝
BU 2-03

亮白色
GY 1-01

Warm Days

半暖时光

在棕色与白色的纠缠中，可以看到时光的缓缓流动。它是滚烫的咖啡注入白色瓷杯的舒缓之美，也是一头褐色秀发上洁白的蝴蝶发卡。它宁静得仿佛遗忘了时间，醇厚得让人不忍触碰，它温暖了被岁月摧残的人生，好似看透了一切的智者。

解析：*一堵深灰褐色的墙壁，消解了亮白色的装饰线条，在它的衬托下，亮白色显得高雅而庄重。这种纯净感，让卧室变得时尚和安静。地面采用了月光色的地毯，与同色系的曙光银床头板相呼应。床上点缀的宁静蓝毯子，为卧室带来灵动的气息。*

玳瑁色
BN 5–02

小麦色
BN 4–01

银色
GY 1–03

魅影黑
GY 3–05

亮白色
GY 1–01

The Ode to the City
都市的颂歌

将人生过成了艺术，把艺术融入了人生，这是家居设计中至美的典范。都市有时很精彩，有时又很无奈，何以解忧，也许只有艺术可以化解这种疲劳。它比田园的梦想更贴近生活，也更贴近现实，而融入艺术的家居，也被谱写成了一曲都市的颂歌。

解析：*亮白色的空间中，采用了专门定制的家具，其中包括一张配有玳瑁色帷幕的床。新古典主义的法国雕塑为公寓加入波西米亚风格，魅影黑的靠包和小麦色的床品使得卧室显得更为舒适，而银色的灯罩和墙面的挂画，充满了和谐感。*

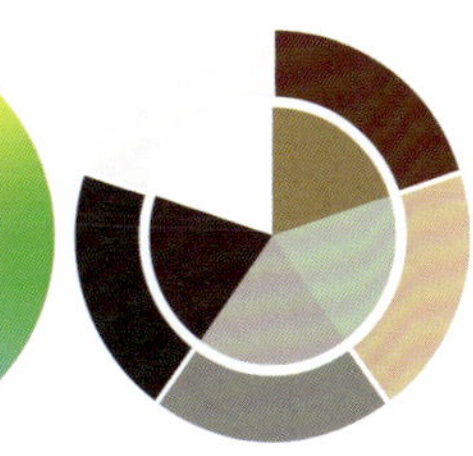

BLUE *System*

蓝色系

它是浩瀚无垠的大海，是清澈如水的天空。它有时静如处子，温润娴静，尽显柔和的岁月时光；也有时动若脱兔，潇洒灵动，发散着雄浑的力量和优雅的气质。从深邃厚重的藏蓝色，到轻盈潇洒的柔和蓝，从明朝的景泰蓝到近代风靡欧洲的代尔夫特蓝，蓝色以不同的方式征服着人们的视觉和品位。它成为皇冠上的明珠，贵族身上的华服，也成为时尚的宠儿，它的血液里流淌着优雅和高贵的气质，这种气质在家居中被表现得淋漓尽致。

配色应用

Color Matching Application

世界在其边缘和深处都是蓝色的，蓝色是迷失的光。正如数百年来，这种颜色使作家、艺术家、哲学家和科学家着迷一样，它也是室内设计最受欢迎的选择，从客厅到卧室、厨房、化妆间及其他地方。最初蓝色颜料是从矿物青金石中提取的，非常昂贵，于是人们孜孜不倦地寻找更廉价的选择，这也是普鲁士蓝出现的原因。在 17 世纪下半叶，牛顿发现的色谱图最终将蓝色与红色和黄色等同起来，它们共同占据了色轮的中心位置。

在室内设计方面，蓝色令人联想到开放的天空和平静的海面，以及历史上一些最伟大的文学和视觉艺术作品。它可以与所有颜色和设计趋势相结合，从鲜明的极简主义环境到温暖而充满活力的环境。

蓝色对人还有着积极的影响，可以起到抚慰的作用，同时又缓解疲倦。也许是因为它既是天空又是海洋的颜色，在色彩疗法中，蓝色调唤起了清晰度、纯度和直觉感受。在家里，无论是用皇家蓝演绎戏剧效果，还是在更微妙的空间中使用蒂芙尼蓝，都会令人感到放松和愉悦。

常用蓝色

推荐搭配思路

—— 海洋风情家居设计最精妙之处莫过于从自然环境中汲取灵感，通过使用自然光线、天然材质以及清雅的色调等打造出干净的美感，可以瞬间唤起清净宁和的思绪。室内设计要轻盈通透，保证充足的自然光线，鼓励大量使用天然材质，例如藤编家具、黄麻地毯等。蓝白色调最为经典，可以搭配白色家具，既醒目又舒适，还可以填充冰川灰色的布艺，以及线条简洁的金属色家具。还可以装饰适当的海洋元素，比如贝壳、海螺等。

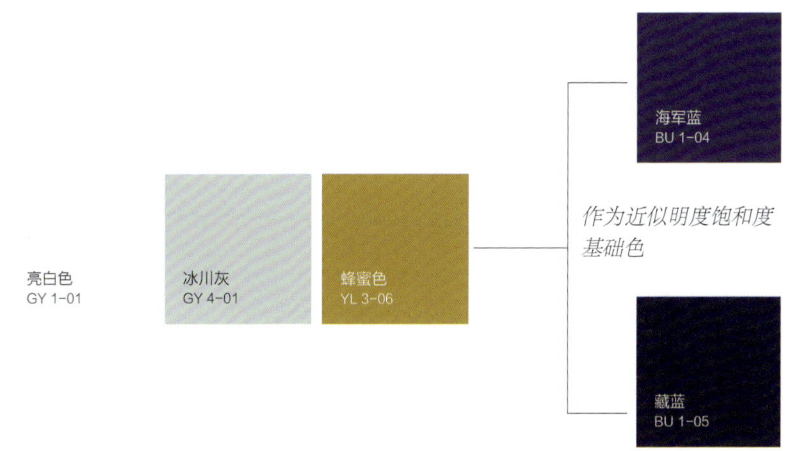

—— 蓝色不仅可以用于背景色，还可以用于点缀，制造空间焦点，提升装饰格调。一些蓝绿色相的色彩，明度较高，色彩轻盈，充满璀璨时尚的特性，比如蒂芙尼蓝、孔雀蓝等，作为空间点缀，效果惊人。再比如在中性色调的奶油色和晚霞色的背景下，蒂芙尼蓝可以和互补色奶油腮红色搭配使用，从而使彼此更加醒目耀眼。

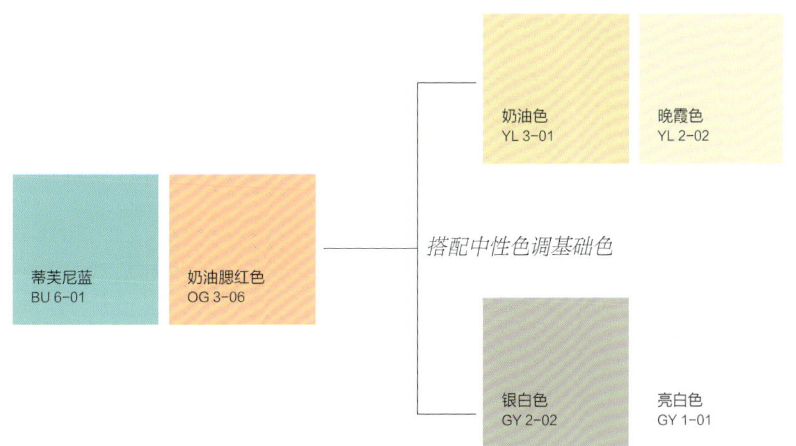

Age of Empires
帝国时代

帝国时代虽然已经烟消云散，但是它的过往依旧活在人们的印象中。这一抹醒目的蓝色，是帝国时代权贵身上流淌的血液，傲慢、尊贵、神圣不可冒犯。虽然时代变迁，但是它的格调依旧，今天皇家蓝的经典配色，依旧可以看到帝国时代的影子。

解析：*蓝色清爽，能带来良好的情绪抚慰，比如皇家蓝。在这个书房案例中，其冷丽清亮的色调大面积应用于墙面带来恢宏的气势，结合亮白色，强烈的视觉冲击令人眼前一亮。纯黑色和亮白色构成的斑马纹单椅和画框装饰，具有野性之美。而橘红色装饰挂画与金色的饰品，增添了奢华的效果，起到了很好的点缀作用。*

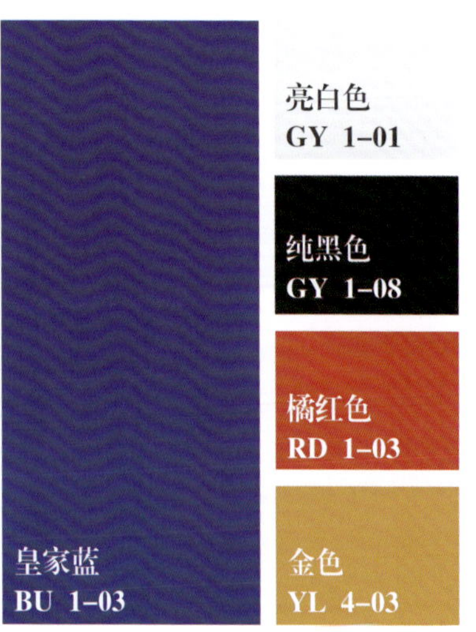

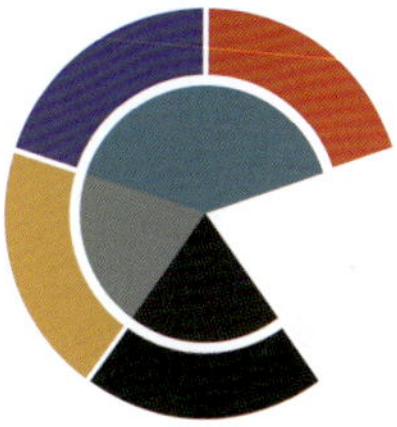

Royal Blue

Twilight's Chapter Seven
夜的第七章

藏蓝色，是夜晚的语言，沉积着历史的底蕴，汇聚着文化的融合。它总用一抹内敛，沉淀自己的心境，它将自己的身体交给黑夜去阅读，在荒凉的海岛上奏响一支夜空幻想曲。

解析：*深邃的藏蓝色在开阔明亮的厨房空间就像是一个海底展示柜。在这个案例中，开放式厨房与客厅直接相连，墙面和橱柜全部采用了深邃的藏蓝色装饰，亮白色作为点缀色出现，一幅黑白装饰挂画打破了空间的单调，独立的亮白色厨房岛台承担了烹饪的主要责任，并配有杏仁色椅子，蜂蜜色的现代吊灯凸显出精致和时尚。*

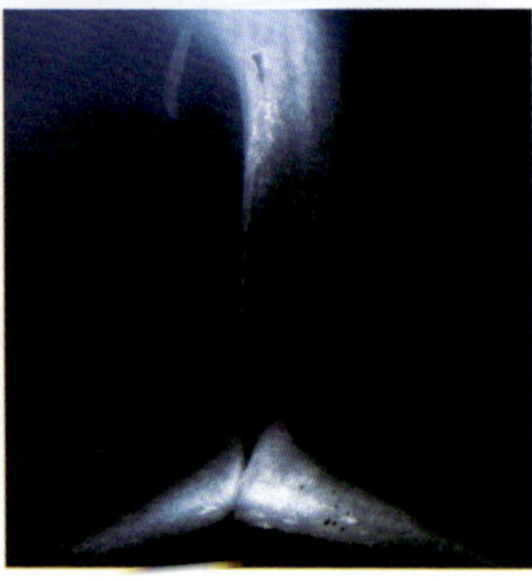

亮白色
GY 1-01
杏仁色
BN 3-05
魅影黑
GY 3-05
藏蓝
BU 1-05
蜂蜜色
YL 3-06

London in 1802
1802 年的伦敦

1802 年的伦敦，暗潮汹涌。神圣的教会，弄笔的文人，仗剑的武士，都在怒涛中摇晃。人们呼唤着英雄的归来，能够像遥空独照的星辰，壮阔雄浑的大海，给人们以指引。这套配色，充满时代感，藏蓝色深沉而充满力量，纳瓦霍黄柔和如阳光般给人希望，银色的冷漠和银桦色的舒适都被厚重的金峰石色带入久久的沉思中。

解析：*整个书房都使用了藏蓝色作为背景色。而作为最佳搭档的纳瓦霍黄色用于窗帘和挂画装饰，增添了温暖柔和的感觉。与之相呼应的银桦色沙发或者银色地毯，巧妙地为空间增添了一些过渡色，不至于让每一处装饰过于抢眼。金峰石色的卷帘与靠包，为空间增添了个性和质感。*

Dover Beach
多佛尔海滩

多佛尔海滩是一首沉思的诗，而不是一曲浪漫的歌。潮水正满，月亮照在法兰西海岸上，灯火忽隐忽现，微光闪烁，延伸到宁静的海湾。从浪花涌动的长长海岸，从月光照白的陆地与大海相接处，可以听到海浪卷走砂石和大海颤动的声音。当潮水退到那广漠凄凉的大地边缘，留给世界的是一滩赤裸的鹅卵石。

解析：*在室内装饰中，色彩停留的长短取决于核心区域色彩的多寡以及比例的大小。在此案例中，婴儿蓝的墙面背景之下使用了黄昏蓝的沙发，点缀在布艺中的珊瑚金色可以相对精细而稀疏，侧重锦上添花而非喧宾夺主，以免造成视觉上的不和谐。亮白色的靠包吸引眼球，增加视觉光亮感的同时，也可以使环境更为柔美，而银色的地毯则添加了些许轻奢的味道。*

银色
GY 1-03

珊瑚金色
OG 2-04

黄昏蓝
BU 3-02

婴儿蓝
BU 2-01

亮白色
GY 1-01

Moonlight Garden 月光花园

在夜晚，月光像秋日的细雨一样滴滴答答落下，浇灌着美丽的颜色，生长出缤纷的花朵和青翠的草地。那洒满月光的花园就成了记忆中漂浮的岛屿，记录着每个人唯美而独一无二的昔日童话。

解析：*婴儿蓝的背景色给这间卧室营造了一种清爽而凉风习习的氛围；棉花糖色的床和床头柜又带来些许温暖。作为互补色的小苍兰黄的窗帘和深紫红色的天鹅绒床尾沙发虽然浓妆艳抹，却配合完美，让空间看上去热情性感，不拘一格。一些草莓冰色的装饰——从床头灯的支架到床上的针织毯，沙发上的印花靠包和墙壁上的世界地图，都增添了甜美可人的气息。*

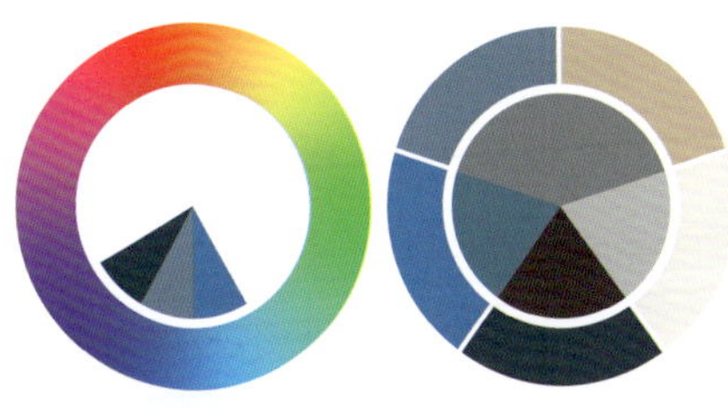

白鹭色
YL 2-01

深青色
GN 1-03

景泰蓝
BU 4-03

灰蓝色
BU 2-05

米褐色
BN 3-01

A Person's Blues
一个人的蓝调

寂寞的蓝调，给人凌乱的联想：细密的瓦片、多变的窗格、狭长的小巷、纷飞的雨丝、窈窕的女子……一切都烙印上了蓝色光晕。一个人沉入深沉的蓝调，并被长久的思念所纠缠，那些回忆和联想，轻轻触碰，在带着点点水波纹的时空中若隐若现。

解析：*灰蓝色作为墙面颜色，被大面积使用，带来宁静优雅的效果。空间无需太艳丽的装饰，白鹭色的亚麻窗帘和深青色的皮质沙发清新素雅，沙发上点缀的景泰蓝色靠包呼应了背景色，同时又十分醒目。墙面上悬挂着米褐色的素描画，充满温暖的艺术气息。尽管很多时候大家都会忽视，但是地毯的选择绝对至关重要，图案斑驳的蓝色地毯像是被风吹皱的海面，富有动感。*

The Tokyoite and the Sea
东京人与海

海浪滔滔，白沙漫漫，总有一千万个理由去追逐乘风破浪的梦想。有时在湘南，有时在白浜，有时在某个不知名的无人浅滩，但不变的总是肆意绽放的青春时光。东京附近的海总是停留在记忆里的湘南，是《灌篮高手》中灿烂阳光下的波光粼粼，也是《海街日记》中四姐妹奔跑在灰蓝色调的由比之滨。

解析：*灰蓝色包裹了部分墙壁，并用同色窗帘软化了空间，另一侧墙面则涂刷了岩石灰这个沉稳的色彩。湖水绿色格子亚麻床罩与皮革和亚麻布混合制成的古巴砂色床头板相互呼应。在银色的羊毛地毯上，摆放着蓝紫色的单椅，为卧室增添温暖和优雅的体验。*

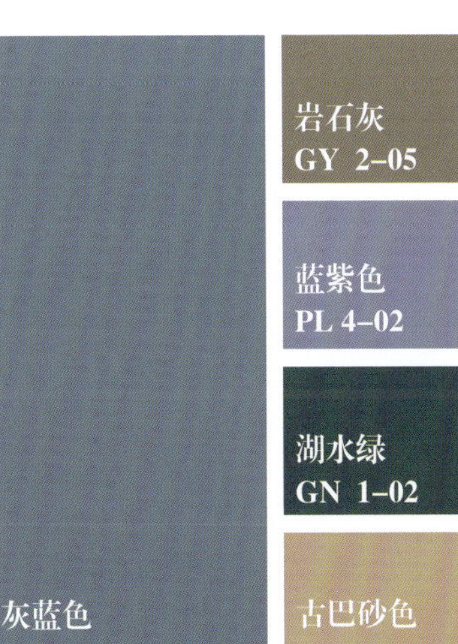

Ferryman Over-the-top
云上摆渡人

这是湛蓝天幕上的一片片浮云，远方奔腾而过的是斑马的衣裳。以云为舟，横渡天河的人，渴望企及的是缥缈的仙山。云上的故事，世人有谁了解，美好的传说，停留在渔樵夜话之间。云上的摆渡人，只与飞鸟相伴，谁是他的乘客，哪里又是他的终点。西西弗斯的荒诞，仿佛成了云上的无奈循环，就连蓝天、白云、飞鸟、霞光也成为周而复始的图景，只有孤独依旧。

解析：*当温和沉静的灰蓝色邂逅柔情四溢的珊瑚粉，整个空间都被赋予了浪漫温婉的感官体验。以灰蓝色纹理壁纸结合亮白色护墙板装饰墙面，蓝白几何沙发作为补充组成谈话组，点缀上深紫红色的靠包，清隽的色调延展出一分优雅文艺的知性美。悬挂珊瑚粉色佩斯利图案窗帘，自带的异域浪漫风韵为整个蓝调居室覆上了诱惑的味道，而蜂蜜色的装饰挂画则散发着神秘吸引力。*

亮白色
GY 1–01

珊瑚粉
PK 1–03

深紫红色
PL 1–08

灰蓝色
BU 2–05

蜂蜜色
YL 3–06

The Blue Byzantine
蓝色拜占庭

地中海像一颗绚烂的宝石镶嵌在亚、欧、非三大洲之间，以其得天独厚的地理位置，孕育了地中海沿岸多种文明。随着西罗马帝国的消亡，拜占庭成为唯一的罗马人帝国，揭开了地中海文明的新篇章。华丽的拜占庭，以海洋为生命，赋予了蓝白配色奢华的内涵，它孕育出绚丽的色彩，辉煌的艺术。

解析：*在亮白色的空间中，大胆地将代尔夫特蓝运用于木质天花板，亮丽而纯粹的蓝调泛着海浪的荧光。地面使用了温馨的白鹭色，搭配天鹅绒蓝色坐垫沙发，配搭着白色床幔及床品，海天一色的清爽与辽阔喷涌而出。少量阳光色的木质家具伴着装饰摆件，这分清韵更加曼妙醉人。*

代尔夫特蓝
BU 2-06

白鹭色
YL 2-01

天鹅绒蓝
BU 1-02

阳光色
YL 4-01

亮白色
GY 1-01

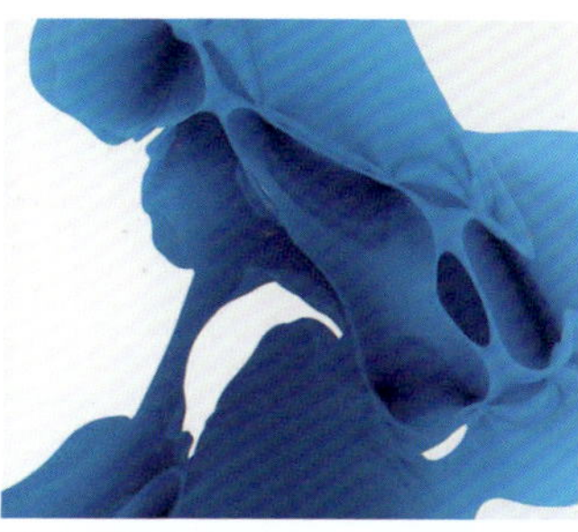

Love at Dolphin Bay
海豚湾恋人

蔚蓝的天幕下，辽阔的海面波浪起伏，成群的海豚跃出水面，在半空中留下一个俏皮的微笑，又一头扎入水中。绮丽的色彩在奔驰的想象力中延伸，交织出穿越国度的华美梦境。

解析：*这个空间像是一首色彩斑斓的幻想曲，海蓝色的清爽和火红色的艳丽碰撞出浓厚的异国情调，雾色的地板砖像是被漂白后的土地，引入干净的自然气息，两个锻铁沙发床分别位于窗边，以鸟笼状的顶棚和条纹亚麻布艺装饰，创造出悠闲而舒适的休息角。巧克力棕的木质配件富于古典感，使火红色更加雍容夺目。壁炉上的挂画带有青翠的青椒绿，营造出莫卧儿式的花园情调。*

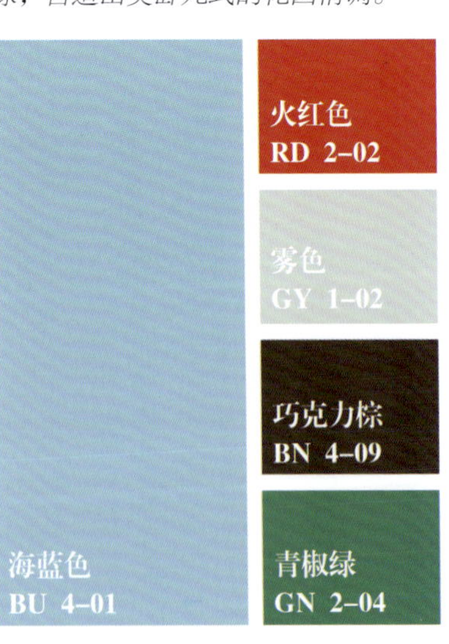

A Canary on The Aegean
爱琴海上的金丝雀

蓝色爱琴海，美丽的圣托里尼，永远沉睡在蓝白的梦乡里。华丽的金丝雀，在海上飞翔，金色的身影划过海面，像一道凌厉的闪电。它是海上的精灵，是时尚的传道者，伴随着红日的西沉，在爱琴海上成为嘹亮的赞歌。

解析：*景泰蓝令人想起带着五千年文化底蕴的珐琅器，典雅、唯美、余韵悠长。在这套案例中，将景泰蓝用于墙面装饰，大面积使用。在曙光银的地毯上，亮白色沙发和挂画装饰增加了空间的层次感。而搭配上火红色单椅和灯罩，以及醒目奢华的帝国黄窗帘，跳跃的色彩点缀，呈现出令人沉沦的优雅格调。*

The Sea Garden in Campana

坎帕纳的海上花园

美丽的坎帕纳港，一座临海的水上花园。海风习习，静谧无声，默默地守望着远处的海面，就连那阵阵涛声也像极了龙啸低吟。这里花开四季，却寂静如世外桃源。夜空的蓝，海水的蓝，湖水的蓝，不同的蓝调交织在一起，恍惚间若童话世界。

解析：*Tiffany蓝作为主题色彩强势而显眼。天花板、窗帘、餐椅、吊灯、护墙板，清雅而浪漫的色调在亮白色的强烈映衬下，显得十分轻盈灵动。背景色以色调饱满的摩洛哥蓝作为基调，而吊灯、餐椅使用了蒂芙尼蓝作为装饰，在浅孔雀蓝条纹地毯的衬托下，产生十分强劲的诱惑力。空间中加入了蜂蜜色的金属搁架，精致时尚。*

Moroccan Blue

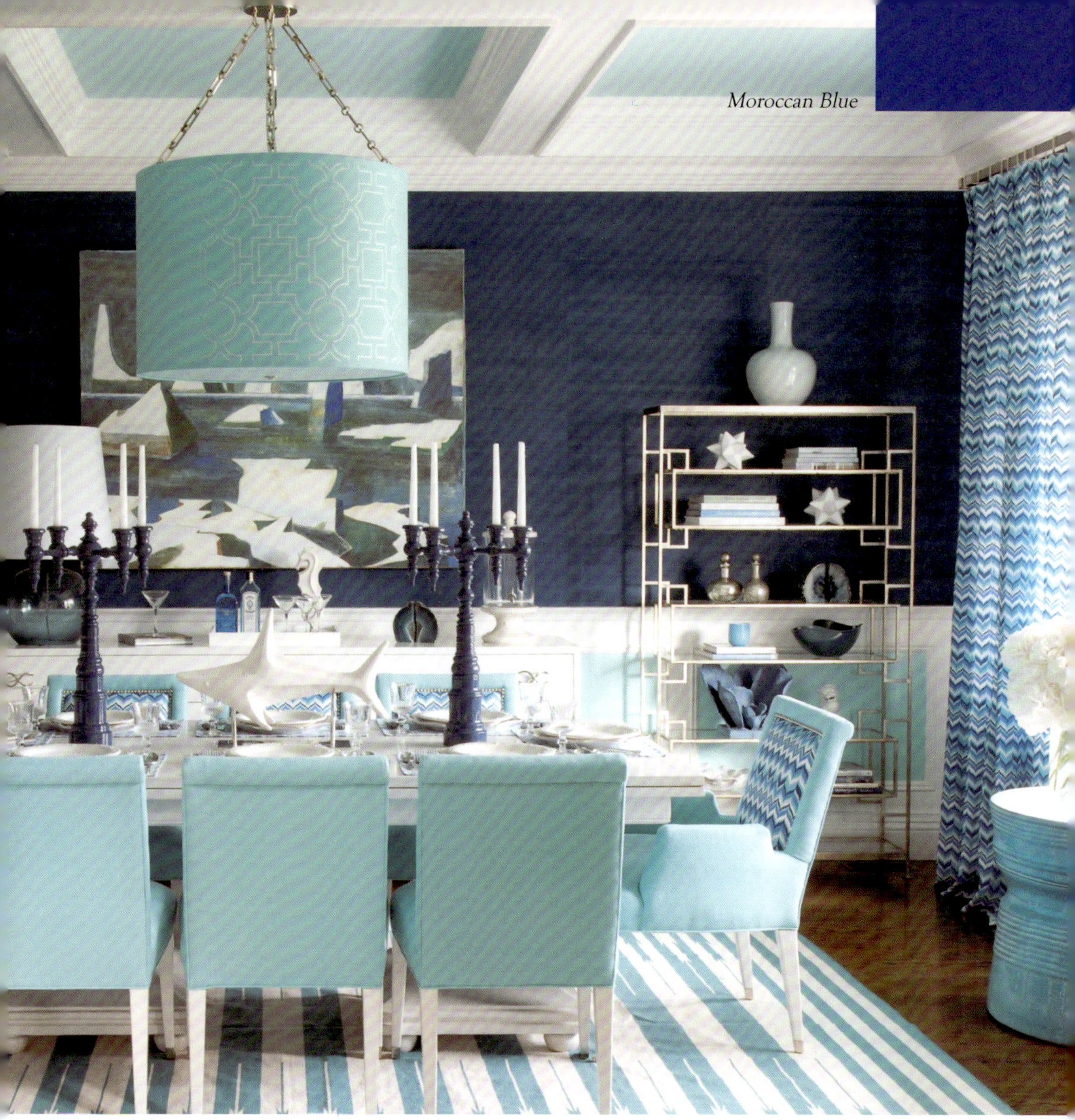

亮白色
GY 1-01

浅孔雀蓝
BU 6-03

蒂芙尼蓝
BU 6-01

摩洛哥蓝
BU 4-05

蜂蜜色
YL 3-06

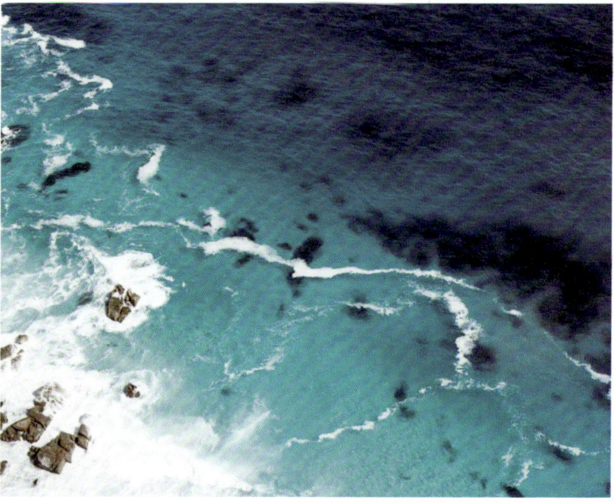

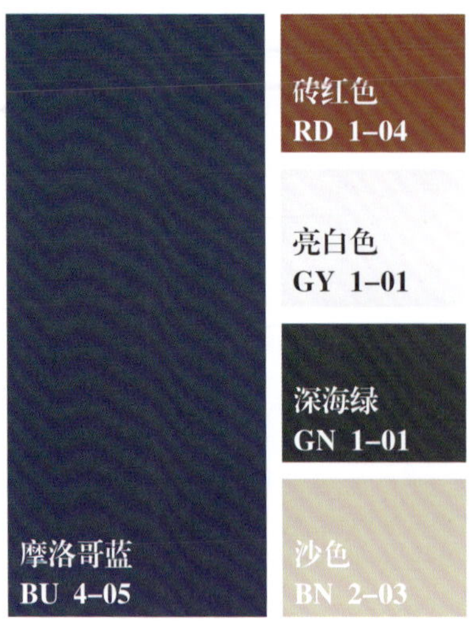
砖红色
RD 1–04
亮白色
GY 1–01
深海绿
GN 1–01
摩洛哥蓝
BU 4–05
沙色
BN 2–03

Celestites from the Lake Baikal
贝加尔湖的天青石

一只白鸽要飞过多少海洋才能安眠于沙滩，一座山能存在多少年才被冲刷入海，一片湖水要几世的造物才能成就如此的湛蓝。贝加尔湖，是诗歌与旋律的沉淀，是冰冷的天青石长久的陪伴。

解析：*摩洛哥蓝的空间背景给人一种宁静之感，而砖红色的地毯为空间增加了温暖的色彩，亮白色成为两者之间的填充，让色彩自然地过渡。深海绿的包布长沙发，辅之魅影黑的躺椅。而两个沙色的单人座椅凸显其柔和和舒适的特性，空间中装点的绿植，则带来了浓郁的自然气息。*

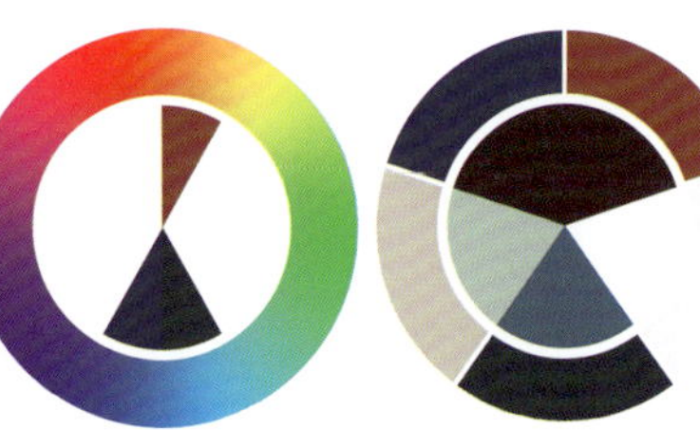

AD

Wild Yaks in Xingxiu Sea
星宿海上的野牦牛

它是青海一处荒原绿洲，几百里一望无际，大大小小的湖泊和沼泽，在阳光下熠熠生辉，宛如夜空中的繁星。它的水蓝得醉人心魄，它的云白得纯洁无瑕。这里流动的是一只只棕色的牦牛，它们是这片土地上的主人，悠然生存了千百年，与自然为邻，守望着这片净土。

解析：*摩洛哥蓝的光滑墙漆与用Lee Jofa品牌的天鹅绒装饰的长沙发在空间中营造了质地与色彩的分层。杏仁色的木地板上摆放着柳条椅，与墙上白底毛茛花黄色图案的版画，构成了生动的对比。两个菠菜绿的天鹅绒古董椅围绕着1960年代的法国游戏桌，形成了一个简易的就餐角。*

亮白色
GY 1-01

钢灰色
GY 1-05

蓝鸟色
BU 5-01

柔和蓝
BU 5-02

芹菜色
GN 7-02

Orchids on the shore
岸芷汀兰

岸边的香草，小洲上的兰花，香气浓郁，颜色青葱，坐拥清浅的禅意，开在九月璀璨的光阴里；晨钟与暮鼓，小楼与长亭，细雨的绵柔音律，淡泊悦耳，飘扬在柔软的和风里。

解析：*柔和蓝的色调纤巧宁静。钢灰色的细条绒地毯让整个房间像是海床中升起的悠然仙境，雕花的天篷床带有希腊风格的经典装饰元素，漂白处理后的床头柜上是芹菜色的花瓶灯，它与低调的灰绿色窗帘、蓝鸟色的床头板和床垫相互映衬，严格对称的布局并不妨碍趣味的升起。*

One meter sunshine 一米阳光

柔和蓝的世界，离不开温情的一米阳光。如梦如烟的往事，被水彩渲染，朦胧中宁静祥和。这是一场梦的回忆，若有若无的蓝色，带一丝清凉的温度，一片纯洁的背景，在柔和的阳光照射下，变得温馨起来。少女的美好期待，伴随着蓝色入梦；夏日海滩，在一米阳光下采集着爱情的贝壳。

解析：*这个卧室案例平静中带着一分恬然，安宁中夹裹着一分浪漫。有着高明度视感的柔和蓝，就像是一位披着轻纱的曼妙少女，轻轻地撩拨着每一个人的心。以它为背景的卧室空间搭配柔美的月光色床头板，加深了空间的平静感，而亮白色提亮空间之余，勾勒出清晰的线条，空间点缀探戈橘色、比斯开湾蓝这种悦动色调的靠包，搭配对比出一分生机与明媚。*

柔和蓝
BU 5-02

亮白色
GY 1-01

月光色
BN 4-05

探戈橘色
OG 3-05

比斯开湾蓝
BU 5-06

Dancer at Dawn
黎明中的舞者

她是黎明中的舞者，在寂静中翩翩起舞。大地是她的舞台，风中摇曳的草木，是无边的观众。清脆的鸟鸣在金峰石上转换成低沉的回响。风声席卷着草木，带来浩瀚的潮涌，那是响起来的掌声，是造物者的喝彩声。

解析：*平静柔和的海蓝色墙面背景色与奶油色天花板的搭配让人联想到峡谷和山脉，四季就在这一片勃勃生机中流转。银白色的地毯和椅子与海蓝色墙面的衔接如天山雪水相连，无垢纯净的姿态仿佛与神灵相抵。百合白的花卉点缀带来融合的气息，魅影黑的挂画内容，成为空间最强烈的对比。*

奶油色
YL 3-01

银白色
GY 2-02

百合白
GY 5-04

海蓝色
BU 4-01

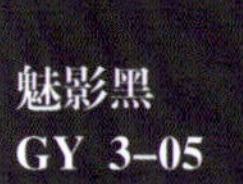

魅影黑
GY 3-05

Moonlit River In Spring 春江花月夜

皓月当空，灿金的圆月浸透了幽蓝的天幕，也照亮了乡间故土。悠悠湖畔上，河灯次第亮起，粉彩灯笼装饰的小舟随波荡漾，载着满心的欢喜和美妙的歌喉漂过无忧的时光，幸福美满和柔情蜜意，交织成轻薄的云，为月夜染上了人间烟火色。

解析：*以柔和蓝为底色的壁纸，深棕色的改良罗马柱，强烈的对比反差使这间新古典主义的客厅富于浪漫的诗意气息。南瓜色的窗帘、淡丁香色的沙发以及这两种颜色交织描绘的地毯带来温暖和甜美，海港蓝色的天鹅绒椅和薄荷绿的靠包是清凉的点缀。*

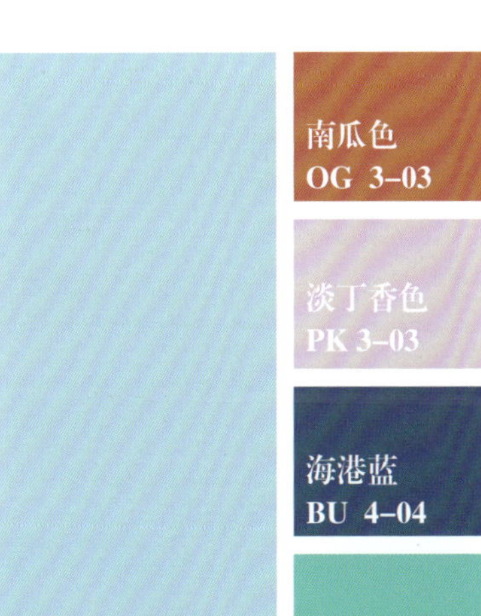

The Rain Forests of Borneo
婆罗洲雨林

这里峡谷纵横，当中有奔腾的河流，如蓝色的丝带环绕，也有淙淙的溪流经过，岁月的累积交织出奇异的景色。穿越茂密的植被，拨开密集成海的湿润叶子，天空早已被交错的枝条遮蔽，满挂着多样的附生植物。

解析：*孔雀蓝、柠檬绿、紫菀色这些鲜明夺目的色彩营造出一整个世界的新奇。满墙的孔雀蓝不仅带出气势，还在艳丽的色泽之中流露款款深情，令人难忘。亮白色是空间重要的缓冲，起到勾勒线条的作用，而白鹭色的地毯，为空间注入温馨的感觉。醒目的柠檬绿床头板，紫菀色小沙发都成为空间时尚的焦点。*

蒂芙尼蓝 BU 6-01	浅松石色 BU 6-02
	暗粉色 PK 4-03
	橄榄绿 GN 7-04
	蜂蜜色 YL 3-06

Fable town
童话镇

童话镇，传说中的世外桃源，这里演绎着各种耳熟能详的童话：丛林里的女巫，城堡里的王子，快乐的桃乐丝，可爱的小红帽。这里的世界五颜六色，光彩照人。

解析：*一帘暗粉色窗帘，为空间创建了一个清幽的梦。蒂芙尼蓝用于卧室墙面的装饰，搭配床头有浅松石色中国花鸟图案的浪漫幕布，在卧室中的床尾处摆放橄榄绿色沙发，并在墙面挂上蜂蜜色金属装饰物。这一刻，视线捕捉到了温柔、梦幻、诗意与甜美，仿佛走进了童话乐园之中，百花齐放，蜂飞蝶舞，这一刻，你像是沉睡的公主，等待着把你唤醒的王子到来。*

PURPLE *System*

紫色系

是无边的薰衣草，形成的紫色海洋，让浪漫环绕？还是一低头的温柔，被烙上时光的印记，让懵懂之心蒙上神秘的面纱？紫色系有蓝的沉静，也有红的热烈，它游走于理智和情感之间，并在这种美好的平衡下找到自己。紫色是神秘的色彩，仿佛存在于宫廷深处和童话世界里，同时紫色又是最浪漫的色彩，它有少女的清纯可爱，也有成熟的优雅气质。

配色应用

Color Matching Application

紫色代表着智慧、和平、神秘，它与皇室、权力和野心相关。虽然它可能不是最流行的颜色，但当涉及装潢时，它无疑是最有趣的。在家庭中，它对身心产生积极的影响，带来振奋精神的能量，并激发创造力和想象力。当然紫色还是很难使用的色彩，在自然光和人造光下，它们具有不同的效果。因此，设计师要谨慎在项目中使用它们。但是你不必害怕它们，如果操作正确，这种充满活力和动感的色彩绝对令人惊叹。

柔和浅淡的紫色带来沉思和平静的效果；而较深的紫色，则可以给空间增添深度和戏剧性效果。柔和色调的紫色，充满了蓝色和紫色的丰富性，也保留了其精致的特征，在空间中可以大面积使用，能充分照亮空间。而那些强烈的、野性的、充满异国情调的紫色，具有强大的冲击力和活跃性。对于那些害怕进入一个完全紫色的房间的人来说，加入少许这样的紫色是一个折中的解决方案。紫色与许多颜色搭配得都很好，例如，通常可以在粉红色、淡绿色或蓝色旁边看到它。

常用紫色

推荐搭配思路

——*海军蓝色的油漆不仅为空间提供了大胆的戏剧化背景色，而且其高光饰面还增加了一些额外的冲击力。可以搭配帝国黄色的窗帘和明亮的佩斯利紫沙发，亮白色在其中起到缓冲作用。或者背景色还可以选择墨绿色这样的暗色调，从而更倾向于自然和清凉的感觉，同样也具备戏剧化效果，打造极具冲击力的装饰效果。*

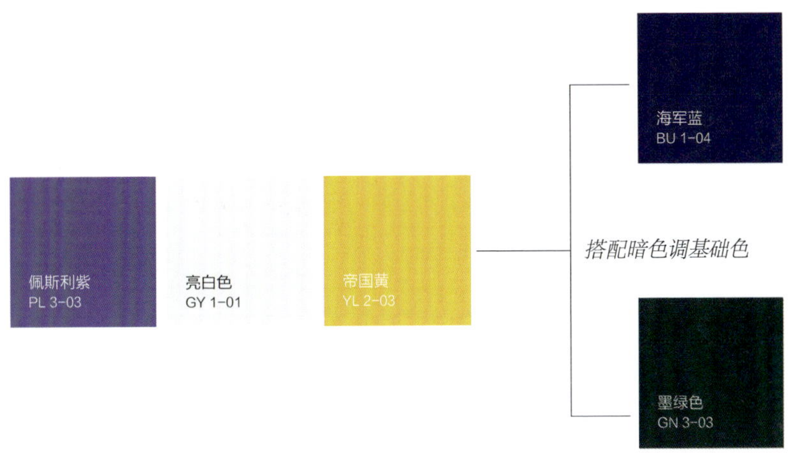

——*当使用紫色作为背景色时，可以使用灰色调的罗甘梅色和葡萄汁色，这两款低饱和度的紫色更容易和其他色彩搭配，亮白色和雾色都是很好的背景色搭配，它们会让这两款紫色看起来非常宁静而且时尚。在这样的背景下，可以使用黄色系中的晚霞色作为填充色，用于布艺搭配，充满对比效果，而充满金属感的蜂蜜色可以出现在饰品和家具的框架上，从而带来奢华的点缀效果。*

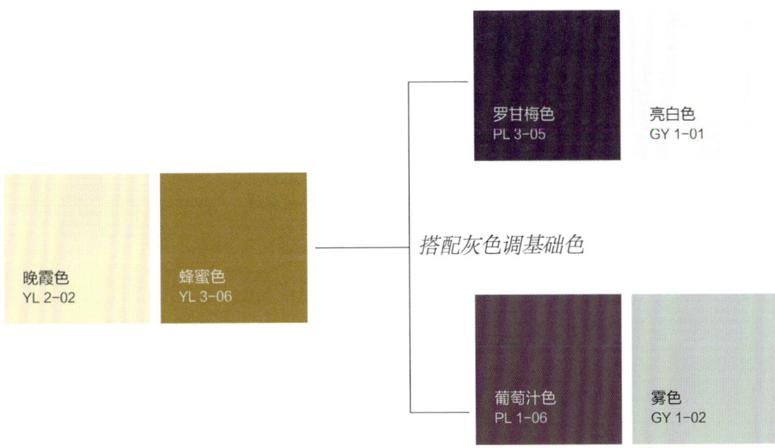

宁静蓝
BU 2–03
奶油糖果色
OG 1–03
罗甘莓色
PL 3–05
灰玫瑰色
PL 1–01
亮白色
GY 1–01

Love in Copenhagen
哥本哈根的爱情故事

大量的白色和木色，虽然为高纬度世界注入了温暖的气息，但是却与浪漫渐行渐远。灰玫瑰色既有灰色的百搭，也有紫色的浪漫，它是冷雨夜中的一盏孤灯，带来光和温暖。它与饱和度较高、色调鲜艳的色彩搭配，创作出属于北欧的爱情故事。

解析：*柔和的灰玫瑰色墙壁，营造出精致的装饰背景。一对宁静蓝的现代扶手椅搭配奶油糖果色的现代长沙发，柔和的色调，让空间看上去更加梦幻。茶几下面是一张波浪形的罗甘莓色地毯，一幅相应的带有红色流行色的装饰画进一步强化了空间的现代感。*

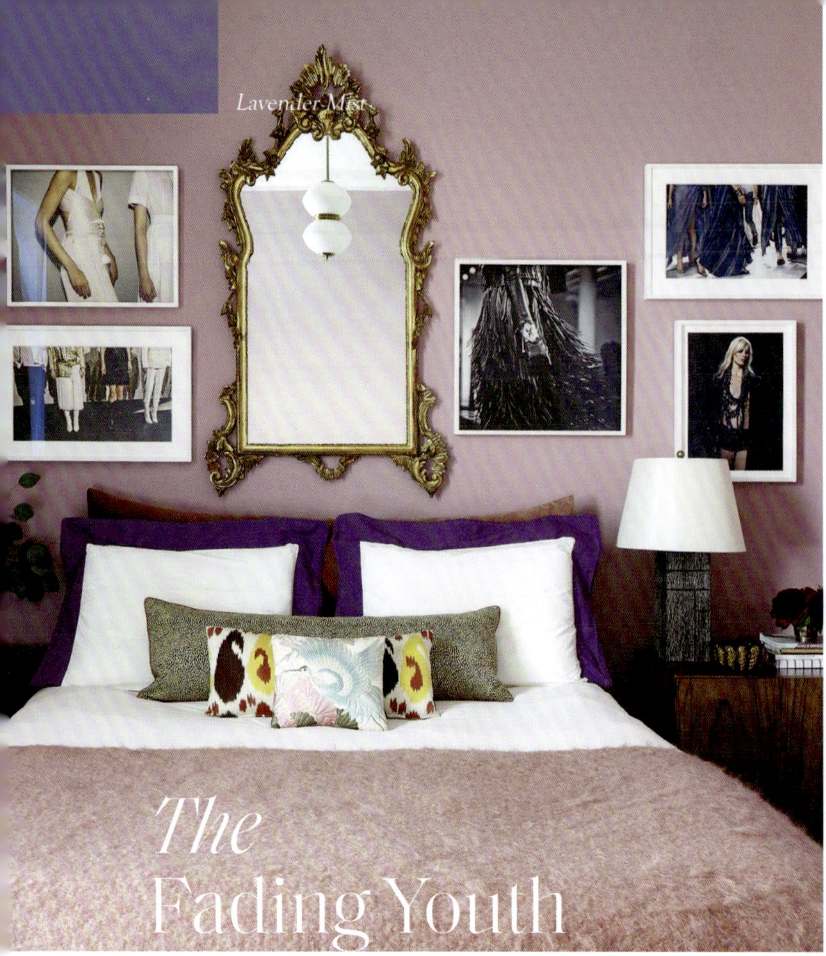

Lavender Mist

The Fading Youth

回不去的年少时光

是否还记得少年时光中，那些莫名的烦恼？是否还记得在荒草丛中追逐蝴蝶的脚步？是否还记得烈日下，带着编织的花冠，在窗前酣睡？时光总如流水，那些曾经年少的时光，都仿佛被加上了一层紫色的面纱，朦胧而神秘。隐约能看到那些有趣的过往和经历的伤痛，也都被时间冲淡，只留下一丝丝甜蜜的味道。

解析：*卧室的墙壁上涂有柔薰衣草色墙漆，它像唇膏一样迷人，床头的挂画是摄影作品，展现着时尚魅力，同时也让墙面变得更为丰富。驼色的床头板包布，搭配了和背景墙同色系的紫水晶色靠包，而在床尾装饰一条珊瑚粉色的毯子，让卧室空间尽显女性魅力。*

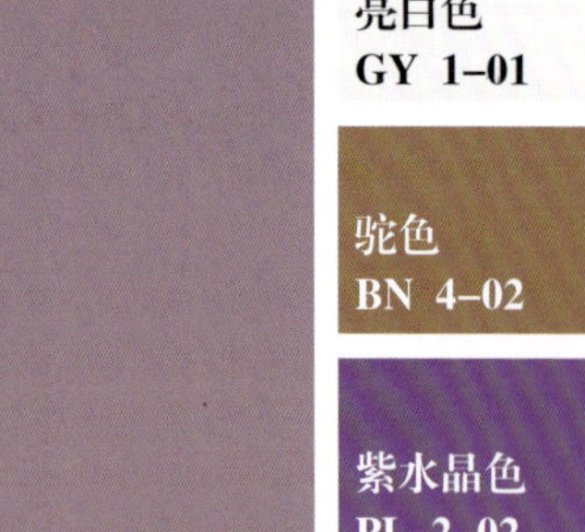

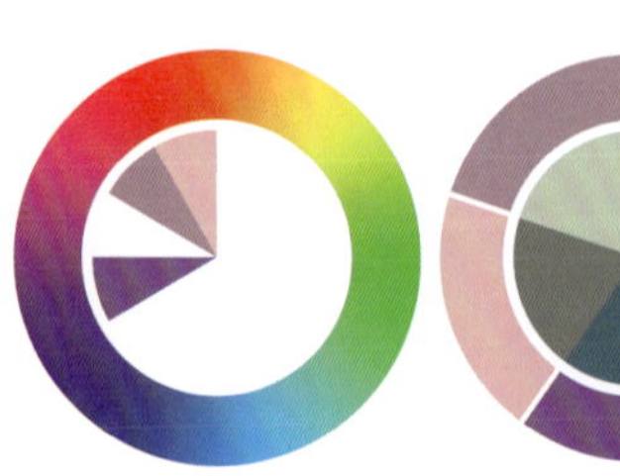

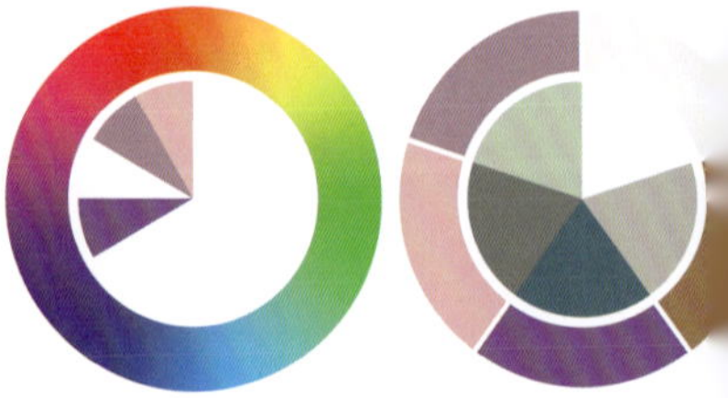

Sunset in Xixi Village
西溪村的黄昏

这是一座古老的村落，既有唐宋遗韵，又有明清风骨，古朴典雅的街道，遍布着古老的建筑。夕阳西下，天边挂一角夕阳，漫天紫色的霞光中，村落显得宁静而优雅。时间在这里变慢甚至停止了，鸡犬相闻，步履从容，这是远离现代文明的田园世界，也是许多都市人心中的梦。

解析：*西梅色色相略显保守。用西梅色作为书房的背景色，大面积渲染之余，再采用活泼鲜艳的对撞色彩，平衡视觉效果。靓丽的毛莨花黄使得窗帘尤为醒目，在与西梅色的反差中显得充满个性。冰川灰的地毯上面陈设着祖母绿色的单椅，通过精彩的纹路，使得颜色更具层次感。*

亮白色
GY 1-01

毛莨花黄
YL 1-04

冰川灰
GY 4-01

祖母绿
GN 2-03

Train under the Moonlight
月光火车

紫色的魅力在于神秘，是隐藏与闪躲的美。它是入夜的山林，在皎洁的月光下，呈现的朦胧紫色。静的是一地月光，动的是飘浮的雾气。紫色与蜂蜜色的结合，如同月光下，穿过林原，疾驰而去的火车，刹那间打破了原来的平静，让世界变得躁动起来。

解析：*葡萄汁色浓郁而朦胧的色调可以追溯至19世纪90年代。一对装饰艺术风格的桃花心木和梦幻紫绒面扶手椅位于咖啡桌旁，咖啡桌的青铜底座上是一块5厘米厚的透明玻璃。地面铺有丝绸和羊毛定制的地毯。几个蒂芙尼蓝的靠包堆放在亮白色的长沙发上。两幅蜂蜜色的巨型印象派画作分别挂在两面墙上，为空间增添了艺术气息。*

Grapeade

葡萄汁色
PL 1–06

亮白色
CY 1–01

蒂芙尼蓝
BU 6–01

梦幻紫
PL 2–03

蜂蜜色
YL 3–06

Clove Garden
丁香花园

在梧桐遮蔽的林荫道边，一座幽静的花园，紫色的丁香开得正旺。这是五月的记忆，初夏的阳光，温暖的风。在葱茏的草木中，紫色丁香花绽放。紫色的布丁蛋糕，倚靠在墙边的女式电动车，安静的花园中偶尔听得到窃窃私语，在慵懒的夏日里，消磨着悠悠的时光。

解析：*客厅采用了蒸汽灰的背景色，在此基础上使用葡萄汁色的定制沙发，并装饰暗柠檬色的20世纪20年代金属丝带，使其化身成为整个客厅的焦点。在棉花糖色窗帘的衬托下，微紫色的花卉和魅影黑的装饰挂画显得低调优雅。在装饰上设计师组合了新古典主义、维多利亚时代和中世纪风格的作品，以丰富整个空间。*

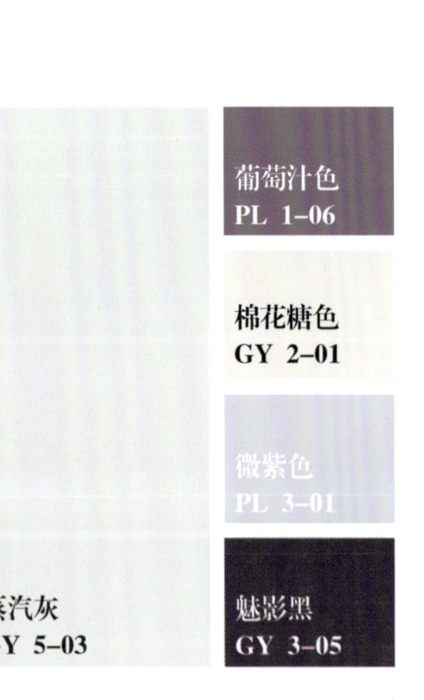

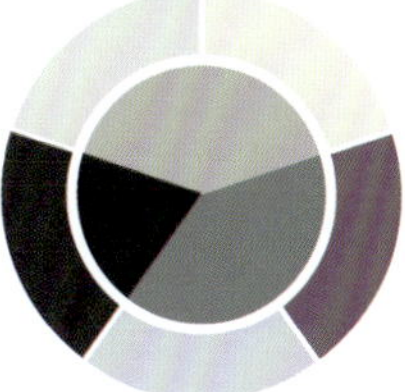

Secret Garden
神秘园

仿佛迷失在神秘的丛林中，沉浸在幽暗里，偶尔听到舒缓的音乐，充满了情思，不经意间流露出些许的忧愁，令人不得不沉醉其中。紫红色的神秘园，是忧伤、深邃，让人无法自拔，又是理性、克制，以温柔的方式抚慰人心。园中一阵清风吹来，仿佛飞越了层层林园，带来了精灵世界的问候。

解析：*一个高光泽涂层可以帮助一个小空间变得更大。在这个案例中高光泽的深紫红色橱柜让人联想到葡萄酒，坚固、饱满的色彩增加了空间的深度和魅力。黑白的几何瓷砖让空间层次感更分明，代尔夫特蓝的水盆，和浅紫色的装饰挂画都起到了点缀效果，成为空间中醒目的焦点。*

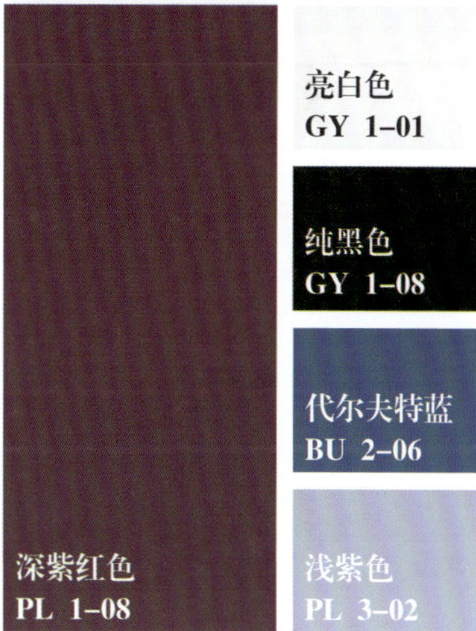
亮白色
GY 1-01
纯黑色
GY 1-08
代尔夫特蓝
BU 2-06
深紫红色
PL 1-08
浅紫色
PL 3-02

The Song of Sirens
塞壬的歌声

这是永远的少女心，黑与白的两面体。她是希腊神话中一位令人畏惧的女神，不要轻易闯入她的世界，因为给你的选择是要么爱，要么死。她楚楚可怜，优雅妩媚的外表下，隐藏的既有对爱情的渴望，也有满怀嫉妒和报复的怒火。

解析：*墙壁使用了绛紫色涂料进行装饰。晚霞色的窗帘是用Kravet品牌织物制成。探戈橘色的织物装饰了一对20世纪40年代的椅子，亮白色饰品点缀搭配黄铜灯具，凸显现代的奢华感。而毯子和靠包装饰使得卧室更加舒适和柔软。代尔夫特蓝的大花盆，不仅让栽种的植物带来自然的气息，本身的蓝色也增添了优雅气质。*

绛紫色
PL 1-09

晚霞色
YL 2-02

亮白色
GY 1-01

探戈橘色
OG 3-05

代尔夫特蓝
BU 2-06

Winter Journal
冬日笔记

冬日的萧索，是白色的雪，灰色的天空，一望无际的空旷。冬日的幸福，是紫色的落叶，朦胧的月色，和温室中的一捧紫色丁香。被紫色装饰的冬天更多了梦幻的效果，神秘的月光下，被写入日记的山川河流，沙漠丛林，都以紫色的形式入梦，它们不现实，但却比现实更能慰藉心灵。

解析：*墙壁使用了绛紫色涂料，搭配同色系的柔薰衣草色窗帘，从而营造出一个甜美的空间。曙光银的地毯，再添加少量的金色和橙色来衬托紫色的深沉温暖。银色的沙发、单椅和亮白色的灯罩，给人一种舒适的感觉。柔薰衣草色窗帘和两把雕花单人椅与一张打磨光滑的书桌组成了一个闲适的工作角落。*

曙光银
BN 2–04
柔薰衣草色
PL 1–04
银色
GY 1–03
绛紫色
PL 1–09
亮白色
GY 1–01

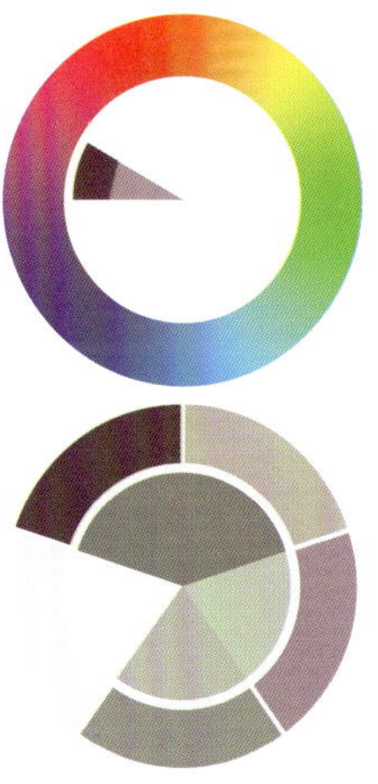

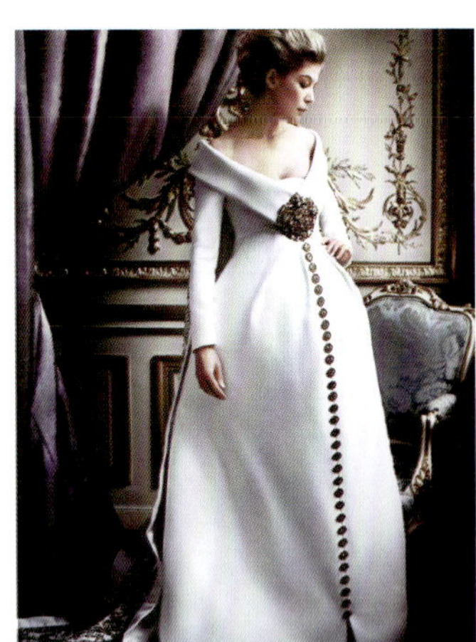

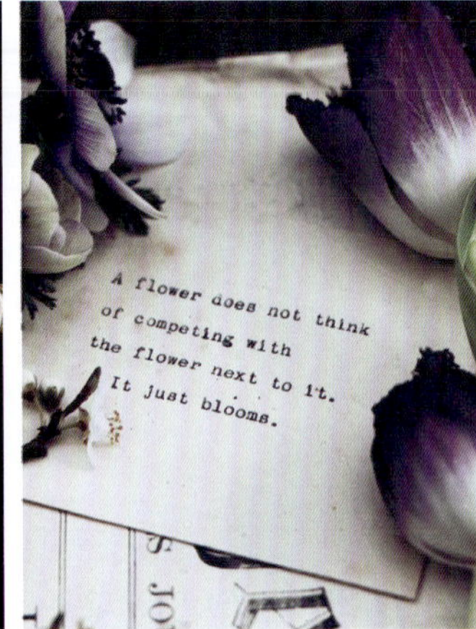

A flower does not think
of competing with
the flower next to it.
It just blooms.

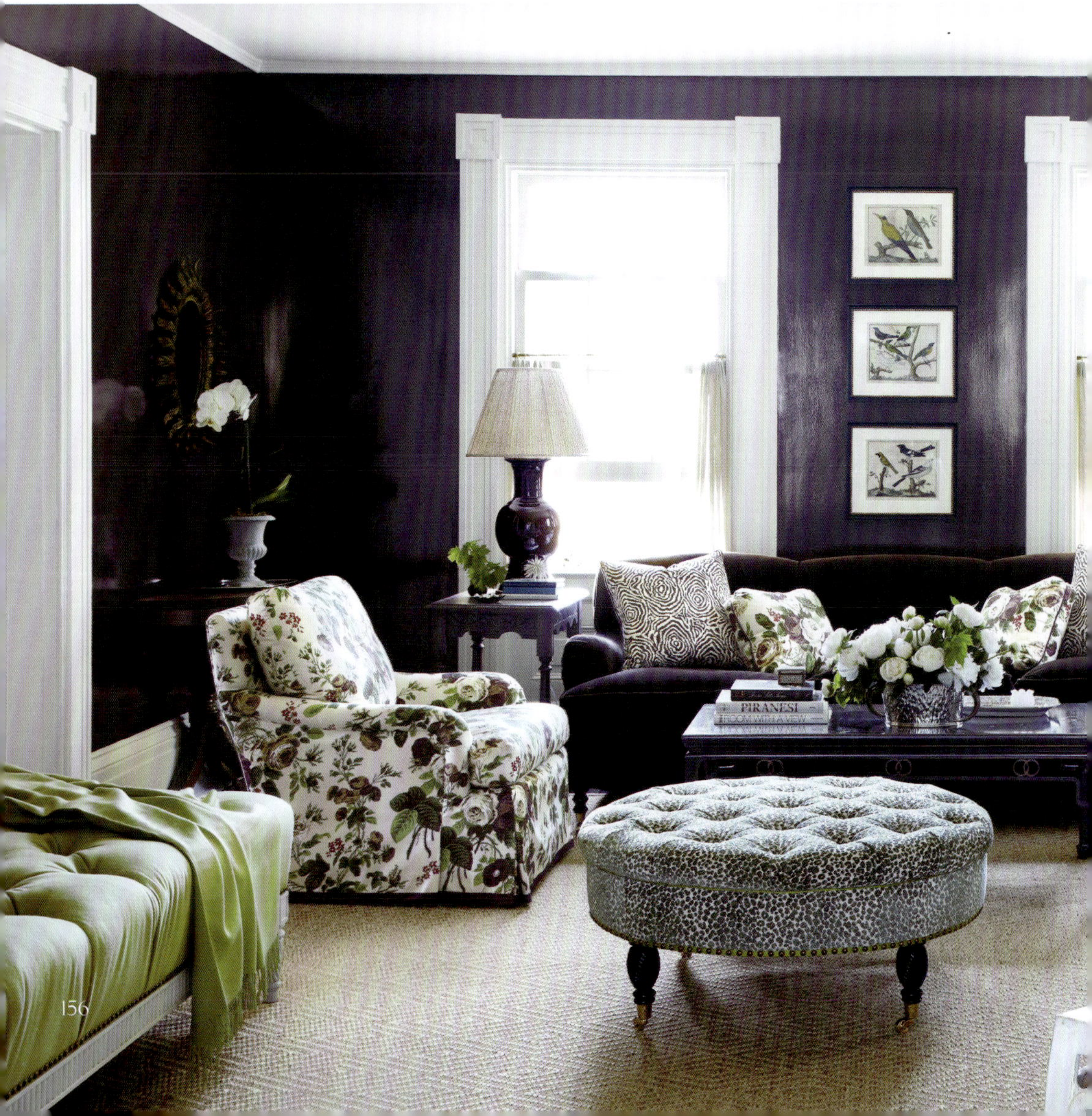
PIRANESI

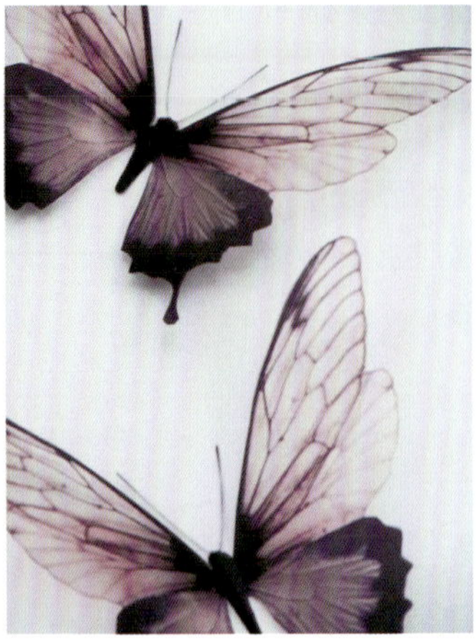

Princess Europa's Purple Land
欧罗巴公主的紫色故土

古典的欧洲渐行渐远，巴洛克和洛可可的辉煌成为明日黄花。曾经显赫奢华的欧罗巴公主，如今铅华洗尽，既清新自然又优雅大方。体验过新古典的欧洲风情，她变得简练时尚，但是依旧有着当年贵族的气质，尤其是那一片深情的紫色，是当年夜夜笙歌的土壤，也是王权的记忆，谁不忆当年呢！

解析：*客厅除了门窗使用了亮白色，墙壁则使用了大面积的绛紫色涂料，显现着成熟的魅力。这样的背景适合搭配印花图案，带有抹茶色印花图案的单人沙发，充满自然气息。而在米褐色地毯上还摆放了厚重的巧克力棕色长沙发，使空间更具层次感。*

绛紫色
BU 6–02

亮白色
GY 1–01

米褐色
BN 3–01

抹茶色
GN 5–03

巧克力棕
BN 4–09

The Mystery of Jiangnan
紫蕴江南

江南是烟雨朦胧，是青砖黛瓦，是时而艳阳高照，时而乌云密布。江南是温婉旖旎，如丝绸般精致奢华，如瓷器般意蕴悠长。江南是绿色调，青山碧水；更是紫色调，尊贵而浪漫。历来的繁华，都沁润在紫色调的绵长中，宫殿的砖墙，高贵的华服，神奇的紫砂，都是江南的千年韵味。

解析：*勿忘我蓝和漂亮的紫罗兰同古巴砂色黄麻地毯的配合共同营造出热情好客的感觉，色彩细腻的小格子显得更现代。空间中的格子布使用了传统的代尔夫特蓝，这种颜色更具田园感觉，亮白色的窗框强化了这一感觉。*

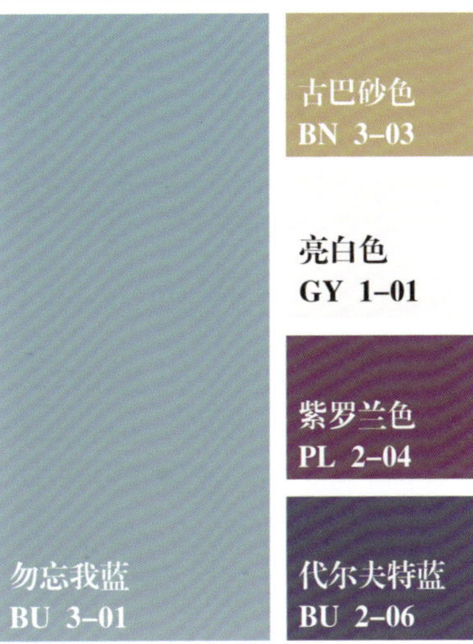
古巴砂色
BN 3–03
亮白色
GY 1–01
紫罗兰色
PL 2–04
勿忘我蓝
BU 3–01
代尔夫特蓝
BU 2–06

Blossom Drops on the Moss
苍苔上的落花

门前绿树无啼鸟，庭下苍苔有落花。动静之间，尽显超然禅意。自然是一首诗，色彩赋予了它韵脚，从而变得朗朗上口，精彩纷呈。紫色是优雅的注脚，是自然中空灵的象征，在紫色的世界中，落花翩然而下，寂静无声，却又点点落在心头。

解析：*罂粟花图案的布艺装饰了两个扶手沙发，创造了英式的居家感。房间的墙面使用了罗甘莓色，搭配晚霞色印花丝绸窗帘，充满了浪漫的个人风格。在沙色的沙发上，摆放着灰绿色靠包，而靠窗的柔薰衣草色沙发，尽显女性魅力。*

罗甘莓色
PL 3-05

柔薰衣草色
PL 1-04

晚霞色
YL 2-02

沙色
BN 2-03

灰绿色
GN 5-04

The Blueberry Nights
蓝莓之夜

这是一个神秘而又甜腻的夜晚，日常的琐碎生活早已消磨了浓烈的感情，生活在钢筋水泥森林中的人们，似乎终究是要错过彼此。不是蓝莓派不好吃，而是人们选择了其他。紫色带来的孤独与漂泊感，在幽暗的灯光下被无限放大。

解析：*这个案例中的色彩如此浓烈，它的灵感来自20世纪70年代。但是多种风格使折中主义的内饰变得非常有趣。卧室看起来像蓝莓派，墙面采用了罗甘莓色的壁纸，大胆又充满创意。同色的绸缎窗帘，搭配苦巧克力色的天鹅绒床头板，葡萄汁色的靠包和单人沙发，在主卧室中呈现出紫色的丰富层次感。亮白色的床品和绿色植物的点缀，让空间变得更为明亮。*

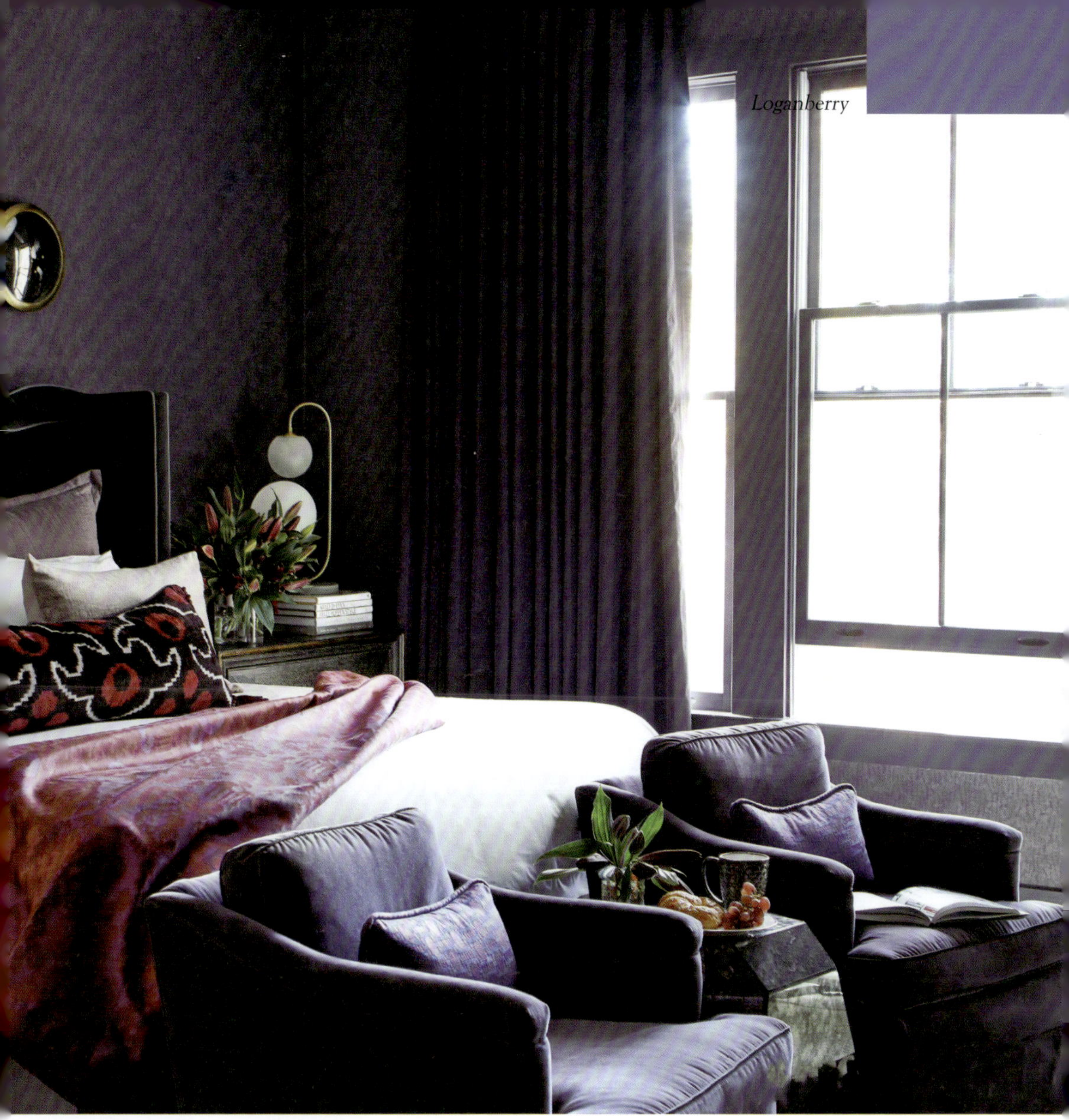

罗甘莓色
PL 3–05

苦巧克力色
BN 6–03

亮白色
GY 1–01

葡萄汁色
PL 1–06

树梢绿
GN 5–05

PINK *System*

粉色系

儿时最爱的公主裙是粉色的，少时那封没送出的信是粉色的，初恋时收到的玫瑰是粉色的，夏日分享的草莓冰是粉色的，婚礼上共饮的香槟是粉色的，黄昏下落在银白色发上的那一吻也是粉色的。粉色，是那永恒不变却又渺若云烟的爱意，缥缈宛转。落红不是无情物，化作春泥更护花。以爱之名，粉色时而清浅娇柔，时而浓郁张扬。在家居世界施展粉色的魔法，甜蜜于此萌芽，温情默默发酵，爱是家中永恒不变的主题。

配色应用

Color Matching Application

心理学家说，粉色具有镇定作用，可以平息激情，带来积极的情绪并营造出良好的室内氛围。也许这就是为什么设计师如此爱它的原因。在过去几年中，粉色出现了真正的繁荣，从优秀的室内设计案例中，可以找到几乎所有粉色的踪影，从淡雅的水晶玫瑰色到浓郁的莓酒色，各种色调的粉色是现代设计的主要趋势之一。

内饰中最时尚的粉色组合是粉色加铜。粉色墙面的最佳伴侣是大理石、天然木材和白色地毯。灰色调的粉色和温暖的棕色结合是任何室内装饰的双赢选择。它们能带来舒适的视觉感受，并营造出平静、温和的氛围。所有粉色都与鲜活的绿色相得益彰，不论是大型盆栽植物还是花瓶中的绿树枝，它们与粉色相结合，一切都令人印象深刻。

常用粉色

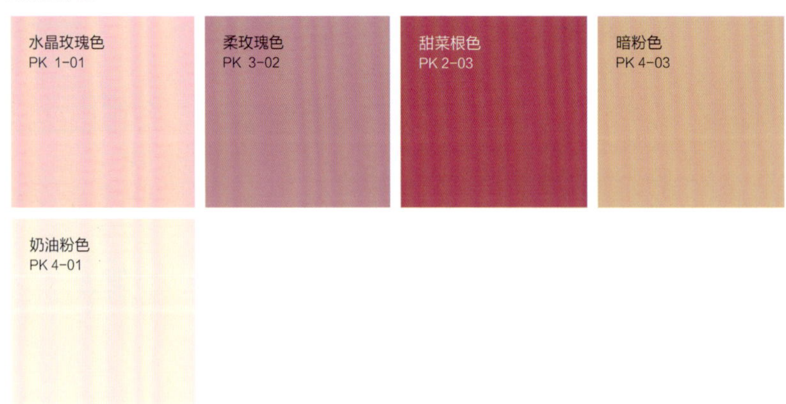

推荐搭配思路

——近年来粉色越来越流行，其中柔和色调的奶油粉和灰色调的暗粉色使用得最为广泛，它们的特性非常适合在家居空间中大规模使用，从而营造一种舒适、梦幻的感觉。与之相匹配的深棕色，不论用于木地板还是包布家居，都可以在视觉上带来舒适、温馨的感觉。而粉色与亮白色等浅色天然木材结合则是卧室装饰的理想选择。另外加入金属色，比如带有复古风情的温暖铜色则具有惊人的装饰效果。

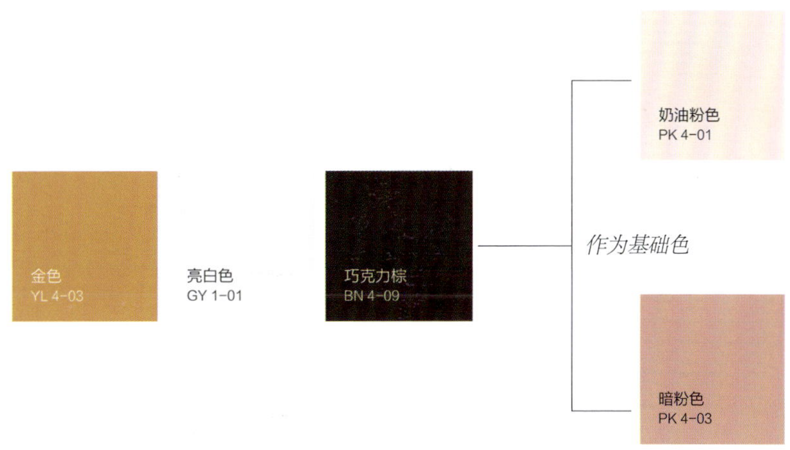

——粉色和鲜绿色是适用于大多数内饰的一对完美搭配，可以将近似明度和近似饱和度的甜菜根色与月见草花色进行搭配。在以中性色为基础色的空间中，这两种颜色显得格外醒目，粉色可以用于布艺营造氛围，绿色可以用在绿植或者家居饰品上起到点缀效果，而一些细节处可以加入黑色。玩对比的游戏，将有助于使内部具有图形外观，并淡化粉色背景的甜腻气息。

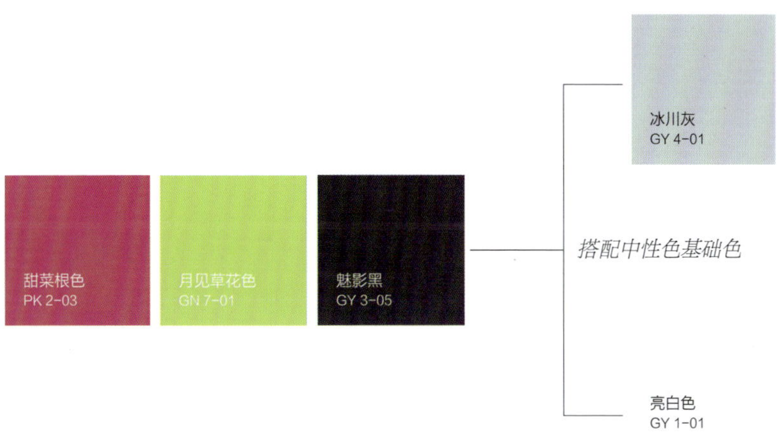

Venetian's Fairy Tales
威尼斯童话

威尼斯，亚得里亚海的明珠，优雅、安静。丰富的淡粉色调，犹如运河上的光线，甜蜜朦胧。它带你进入一个诗意般的画面，悠游于漂浮在过去与未来间的城市中，一栋栋的建筑物，一座座的宫殿，一条条的街道，都笼罩在淡淡的粉色光影中。

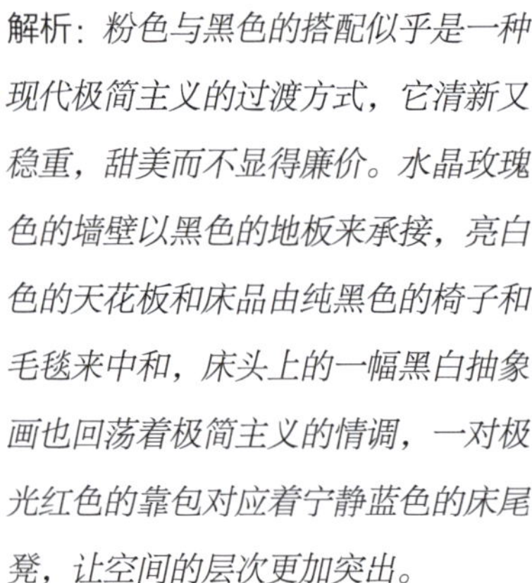

解析：*粉色与黑色的搭配似乎是一种现代极简主义的过渡方式，它清新又稳重，甜美而不显得廉价。水晶玫瑰色的墙壁以黑色的地板来承接，亮白色的天花板和床品由纯黑色的椅子和毛毯来中和，床头上的一幅黑白抽象画也回荡着极简主义的情调，一对极光红色的靠包对应着宁静蓝色的床尾凳，让空间的层次更加突出。*

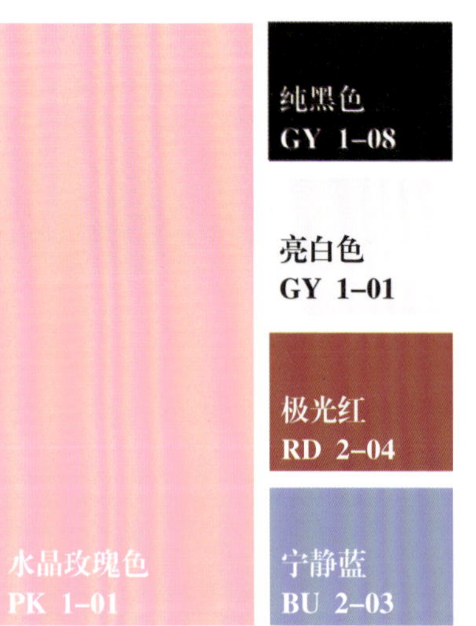

Crystal Rose

A Wedding Party

婚礼派对

一场梦幻婚礼，纯净而优雅。没有熙熙攘攘的喧闹，只有最真诚的祝福。洁白的是精致的婚纱，高贵奢华，光彩夺目。粉色的是新娘娇羞的面容，在最好的时光里，遇到了最对的人。蓝色是绅士的气质，在灰色的衬托下，显得俊朗飘逸。

解析：*亮白色作为空间的墙面和天花板的色彩，入目的初始就带来了纯净的感觉。水晶玫瑰色作为空间中心位置的色彩，用于沙发，弥漫着温柔且甜蜜的气息。散落的海蓝色单人座椅和挂画，让蓝的优雅平衡着各种色彩。素灰色条纹地毯彰显时尚格调，蜂蜜色的金属装饰让空间的奢华质感增强，浓情优雅无声地渗透到各个角落。*

素灰色
GY 1-04

水晶玫瑰色
PK 1-01

海蓝色
BU 4-01

亮白色
GY 1-01

蜂蜜色
YL 3-06

暗恋桃花源

我们仿佛看见了春天层层叠叠的花朵，在多彩波涛里藏着一个温柔的海湾，我们仿佛看见春风一笔笔写入田野的颤动里。在这里，我们嗅到无数春花的芳香，那被冰封的美丽，在春天的原野中争相怒放。魂牵梦绕的桃花源，在春天里邂逅爱情，在最好的时光遇到最好的人，醉了桃李，老了时光。

解析：*在银色地毯上，摆放着烟灰色的长沙发。几乎是水彩图案的白鹭色壁纸，成为空间的基础色调，同时搭配着葡萄汁色的窗帘。康乃馨粉色单人沙发和烟灰色长沙发形成很好的呼应，尤其是长沙发上的粉色靠包，它仿佛从沙发上方的大型挂画中流淌出来。*

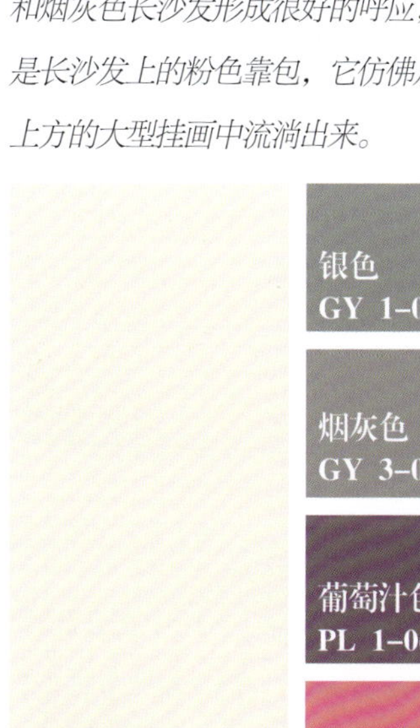

Tender April
人间四月天

四月，清丽优雅地涉水而来，清清浅浅、翩跹而至，刹那间桃花尽展笑颜。四月，是一树一树的花开，是燕在梁间的呢喃。当袅袅的音乐轻盈着往昔的心情，漫叩窗棂的弯月仍是笑靥如花。人间的四月天，白云奏响心灵的舞曲，蓝天挽起纯真的梦境，花香盈满飘逸的世界，飞鸟欢唱着生命的春天。

解析：*色彩与繁复多样的花卉图案构成了一首华丽的练习曲，火烈鸟粉色墙面壁纸带来甜美的效果，对比黄昏蓝的沙发，就有春夏之交的活泼灵动之感。沙色印花主题的地毯上，一把极光红色的单人座椅放在一侧，搭配复古的茶几，亮白色的墩椅、靠包在空间中起到了提亮空间的作用。*

沙色
BN 2–03

黄昏蓝
BU 3–02

极光红
RD 2–04

亮白色
GY 1–01

Temptation of Sweets House

糖果屋的诱惑

糖果屋的诱惑无法抗拒。它的甜蜜，是孩子的口味，也是成人的渴望。清新的粉色，是童话的背景，也是少女的心情，在这个色彩中，多少豆蔻年华的梦变得五光十色。

解析：*在这间美妙的度假屋中，条形护墙板采用了靓丽的火烈鸟粉色。钢灰色与亮白色组成的黑白几何图案是另一个重要装饰元素，用于沙发和窗帘装饰上。靠包和地毯充满波西米亚风情，一张带有橘红色条纹的法式贵妃椅带有戏谑的马戏团元素，而长沙发上的挂画似乎意在引人思考，这是一种古老的图腾符号。而醒目的甜菜根色出现在地毯和沙发坐垫上，带来跳跃的效果。*

钢灰色
GY 1-05

亮白色
GY 1-01

橘红色
RD 1-03

火烈鸟粉
PK 1-02

甜菜根色
PK 2-03

亮白色
GY 1-01
沙色
BN 2-03
湖水绿
GN 1-02
珊瑚粉
PK 1-03
热粉红色
PK 1-05

Time-space Corridor

时空回廊

温柔的珊瑚粉是时光长河中一道温柔的回廊，曲折而意味深长。假如时光可以穿梭，许多人都愿意在这个回廊中徘徊休憩，看看曾经的自己，美好的光阴。粉色的时空回廊，曲折幽深，锁住的是一帘幽梦，逃走的是老去的时光。

解析：*珊瑚粉的墙面装饰，带给人的是鲜花芳草的梦幻。一袭亮白色的窗帘，遮挡着窗外的阳光。地面采用舒适的沙色地毯，其上有和墙面类似颜色的图案。靠窗的亮白色长沙发使用了醒目的湖水绿坐垫，它和对面的热粉红色软榻成为空间醒目的亮点。*

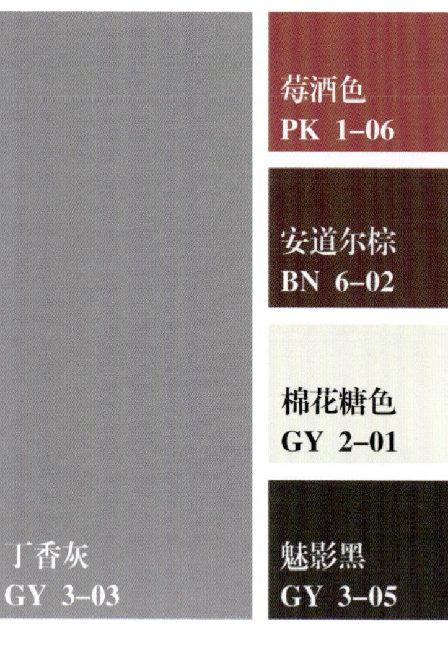
莓酒色
PK 1–06
安道尔棕
BN 6–02
棉花糖色
GY 2–01
丁香灰
GY 3–03
魅影黑
GY 3–05

Cinderella's Dance
水晶鞋之舞

它是夜晚里的明灯，照亮黑暗的舞池，红色的裙摆摇曳，魔幻的步伐，俘虏爱情的囚徒。水晶鞋的故事，流传了很久，只要有爱情的地方，总有一双水晶鞋等待着它的主人。

解析：*用粉色作点缀色不仅能起到画龙点睛的作用，还可以展现出空间层次。案例中，书房墙面采用了丁香灰色涂料，而莓酒色书架和包布沙发充满了成熟魅力。在棉花糖色的地毯上摆放了一把安道尔棕的单椅和魅影黑的墩椅，成熟稳重与活泼热情的颜色形成对比，很好地调动了气氛。*

The Disappeared Light Years

消失的光年

那些远去的爱情，真挚的友情，爆发的热情，绵绵不绝的亲情，都以一种色彩斑斓的形式呈现在当下的记忆中。时光匆匆，距离如此遥远，仿佛刹那间消失的光阴，浪漫的美好的，痛苦的伤心的都历历在目，但又如此陌生。这套浪漫鲜活的配色容易让人去寻味那些已经消失的、不再回头的岁月。

解析：*在亮白色的空间中，胭脂粉窗帘在其简单的造型下依然绽放万种风情。银色地毯奠定整体格调的简约利落，为气质的沉淀打下良好基础。黄绿色单椅调和室内色彩，展现流动性和律动感。纳瓦霍黄色的长沙发十分温馨迷人，传递了时尚大方的审美意趣。*

Carmine Rose

银色
GY 1-03

胭脂粉
PK 2-02

纳瓦霍黄色
YL 4-05

黄绿色
GN 7-06

亮白色
GY 1-01

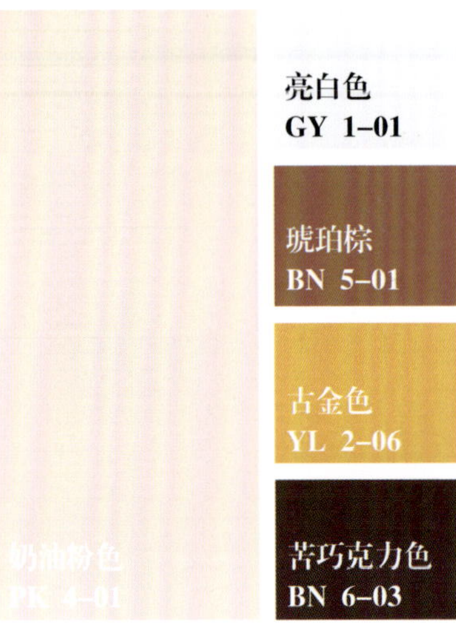
奶油粉色
PK 4-01
亮白色
GY 1-01
琥珀棕
BN 5-01
古金色
YL 2-06
苦巧克力色
BN 6-03

Crosley
ASAP FERG

Secret Fragrance
暗香

烟雨红尘中，朦胧了多少心间的美，一缕暗香远，诉不尽笙箫。奶油粉的美，是这种如雨如烟的景色，它和冰冷潮湿的街道，黄昏的一片残阳，构成了一幅静默的油画，暗香如油墨悄然间在画面上流淌。

解析：*奶油粉美得无可争议，带着娇艳与清甜治愈感，犹如少女娇羞的脸庞。这间卧室以奶油粉色装饰墙面，大面积使用奶油粉色适宜配搭亮白色来平衡视感。一把古金色座椅恰到好处，苦巧克力色的壁炉庄重而高雅，配合着柔和的琥珀棕窗帘，让整个空间温和典雅而落落大方。*

The Queen of Romances

文艺片女王

有一种宿命叫作文艺。它是躁动的，也是朦胧的，既是艺术的典范，又是梦想的翅膀。文艺片女王，是在演绎青春的故事，她以特有的举止谈吐，久而久之过了绿色的少年时光。如今，只能用当下的雍容华贵来缅怀早已消逝的岁月。

解析：*客厅的墙面采用了香槟粉色涂料，带着若有若无的慵懒感。橡木黄的古典花纹地毯上，摆放着白鹭色条纹沙发，与香槟粉的背景搭配非常和谐。青椒绿的沙发和豹纹系列墩椅，带有洛可可装饰的浮夸。纯黑色的现代真皮沙发是对古典风格的补充，而带有纯黑色灯罩的枝形吊灯和挂画，则起到沉稳醒目的点缀效果。*

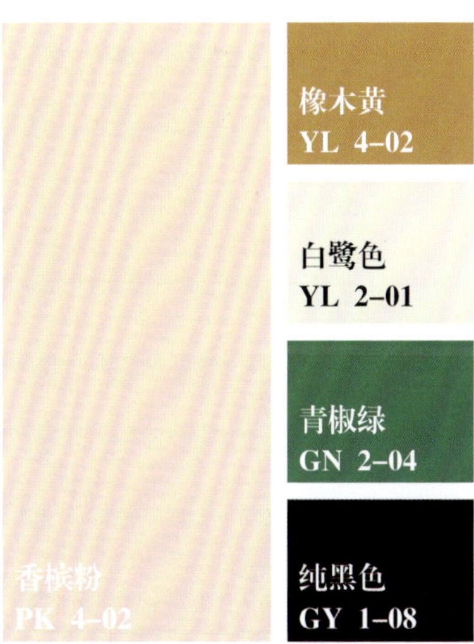

Ice-cream Kisses

冰激凌之吻

甜美的冰淇淋在夏日里总是会受到大家的喜爱，它们的存在好像一股沁人心脾的薄荷香，带着丝丝凉意，诱人进入甜蜜的梦幻。冰淇淋之吻，是刹那间的惊喜，一触即醒，继而沉浸在夏日的清凉诱惑中，那一瞬间仿佛空气里都充满冰淇淋般的清新味道。

解析：*暗粉色墙面漆能够调和出甜蜜的仪式感，娇嫩细腻的色调与饱满丰盈的线条勾勒出少女心中的童话世界。魅影黑色在空间中起到了稳定视感的效果，沉稳庄重的挂画以及轻巧的灯罩和毛毯等都让躁动的粉色空间变得安稳下来。为了增加精致感，皮革沙发选择了貂皮色，而包布沙发使用了轻巧的树梢绿，亮白色在空间中成为艺术气息的点缀，带来现代时尚的美感。*

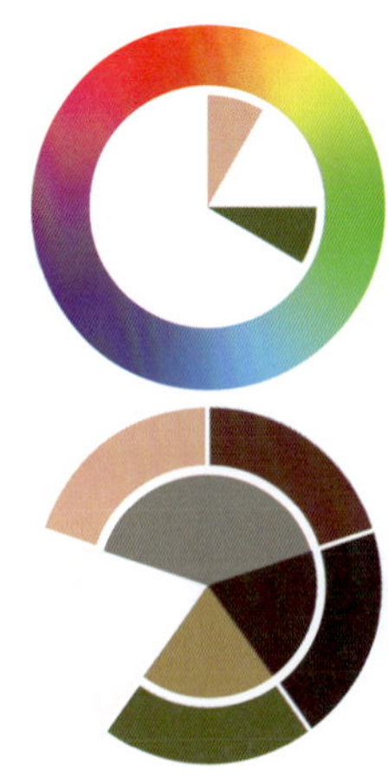

Dusty Pink

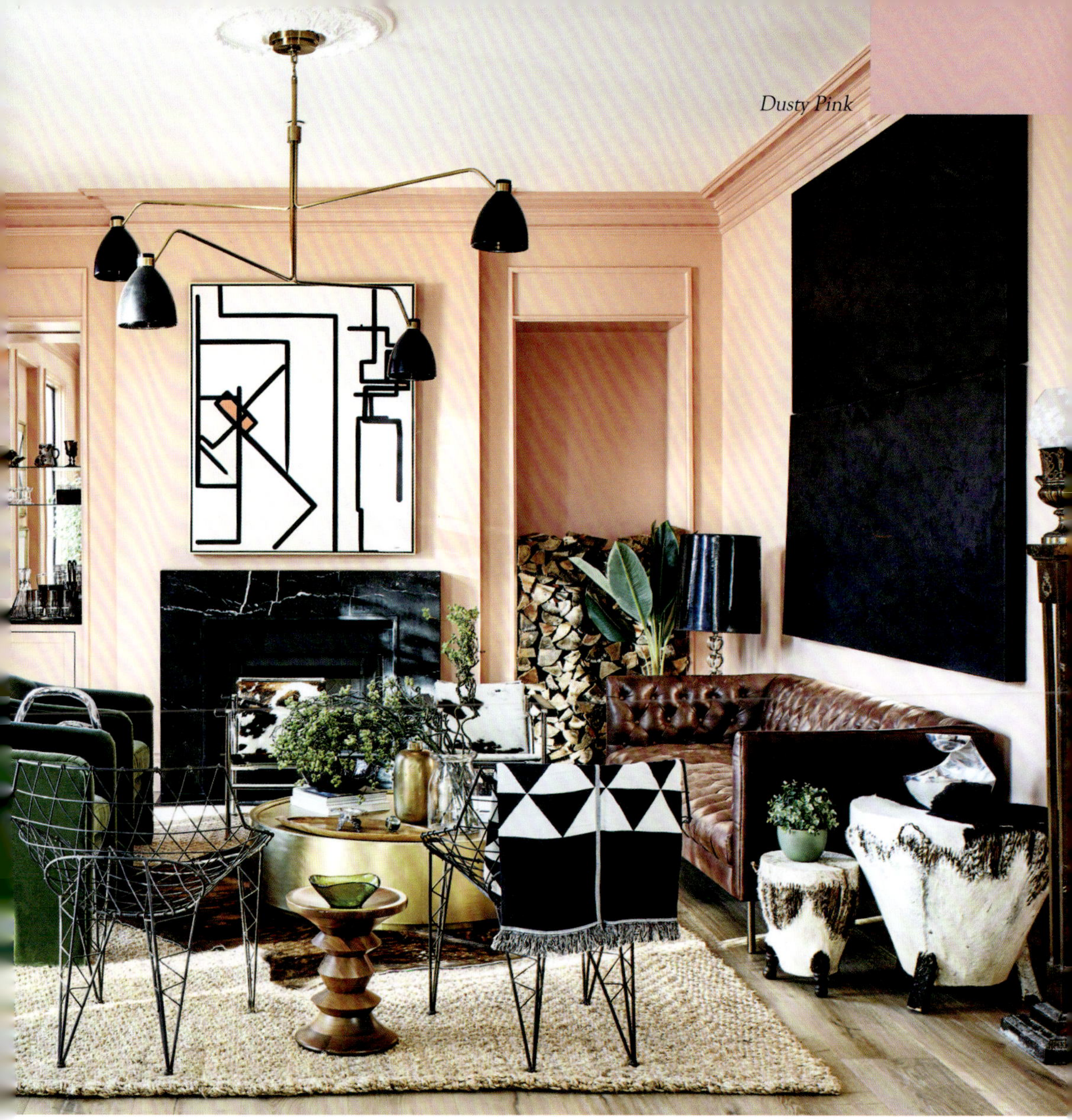

魅影黑
GY 3-05

貂皮色
BN 6-01

树梢绿
GN 5-05

暗粉色
PK 4-03

亮白色
GY 1-01

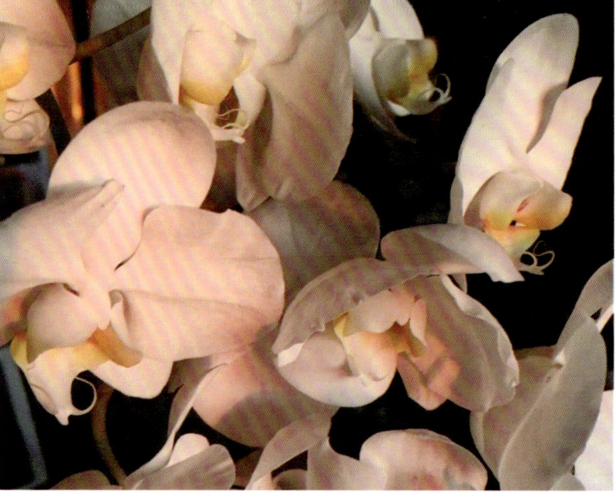

Girlie Feelings

悠悠少女心

是什么点燃了少女心，让青春的记忆充满整个空间，即便炎炎夏日，也有如此这般清凉的色彩。它有着对童年往事的回忆，沉浸其中不能自拔；也有对未来的憧憬，一场轰轰烈烈的爱情。少女的轻柔色彩，仿佛温柔的臂弯，拥你入怀，让你做梦。

解析：*鲜艳色彩和大胆印花的混合搭配营造清新醒目的空间。墙面采用了银白色涂料装饰，亮白色的沙发起到了有效的调和作用，两个暗粉色的单人沙发摆在一旁，明艳的兰花紫色地毯铺在中央，另外点缀上深干酪色沙发靠包和挂画，这充满活力的装饰和不拘一格的空间格调，令人心旷神怡。*

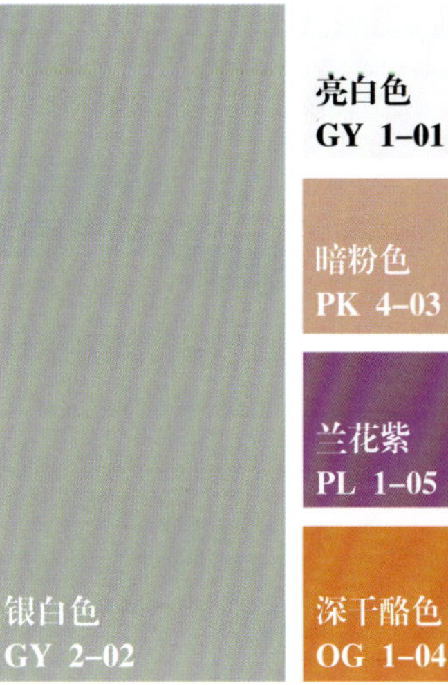
亮白色
GY 1–01
暗粉色
PK 4–03
兰花紫
PL 1–05
银白色
GY 2–02
深干酪色
OG 1–04

RED *System*

红色系

红色，既有小家碧玉的娇俏可人，也有大家闺秀的明丽端庄。含苞的玫瑰用来珍藏关于爱的千言万语，绿叶簇拥着它，让它永远做花的女王。它是海底的珊瑚，在湛蓝的海水中梦想着芭蕾的舞步，它是天边的云霞，做孤鹜高飞时的画布。几多锦绣，几多流年，它记载着斑斓盛世，也用热情浇灌着室内的灵感。走进红色，步入一场多情缪斯编导的歌剧盛宴。

配色应用

Color Matching Application

红色是配色中最活跃和最动人的颜色。它与活力、力量、旺盛的精力和热情有关。即使它仅以点缀或小细节出现在室内，也一样引人注目。红色的内部装饰看上去总是壮观、明亮和大胆的。但需要注意的是，红色的内饰会对人心理产生巨大影响，它既可以引起焦虑和烦躁，也可以激发食欲和激情。

此外，红色一直被认为是奢侈品和力量的代表。心理学家马克斯 · 吕舍尔认为，红色代表着生命力和对变革的渴望。红色的内饰是自信、进取、努力实现自我的人们喜欢的色彩。最好在厨房、浴室、健身房、书房或者更衣室使用它。红色虽然具有唤醒功能，但大量的红色可能会导致刺激和沮丧。因此，尽量少在卧室、客厅或儿童房中大面积使用它。在这些房间中，最好使用面积有限的红色物品，比如一件家具或者几件装饰品，作为引人注目的元素，它们将使室内明亮而多样化。

常用红色

推荐搭配思路

—— 带有醒目光泽的火红色、亮白色、魅影黑和钢灰色搭配得很好。这种红色最常用于波普艺术和极简主义。在以中性色调如银桦色、钢灰色为背景的环境中，将黑白色彩对比运用到极致，产生强烈的视觉差，而此时火红色会成为空间最耀眼的焦点。有时为了使室内充满活力，可以将房间中的一面背景墙涂成红色。

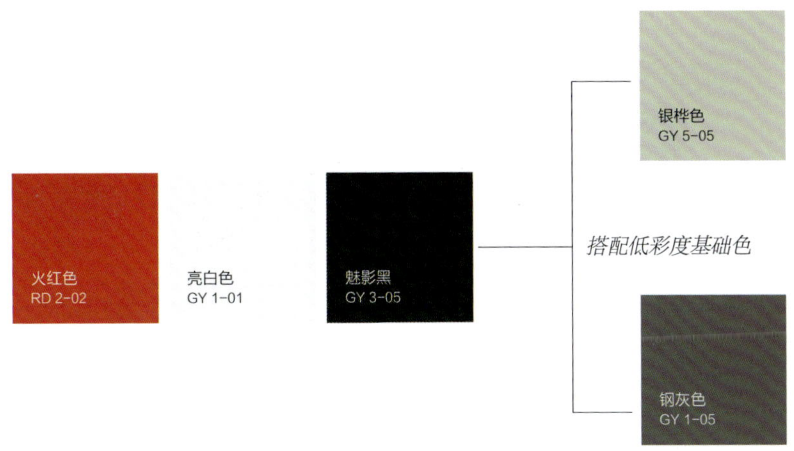

—— 当中国红与经典绿这对互补色出现在内饰中，即刻产生色彩上的化学反应，彼此更加鲜艳夺目，同时产生的明暗对比又加深了空间的层次感。当它们与黄色系中色相饱和度相似的嫩黄色、纳瓦霍黄搭配时，房间将会变得阳光明媚、温暖如春。而与灰色系中色相饱和度相似的天空灰、银白色搭配时，则会显得温馨而沉静，让人尽享田园的悠然时光。

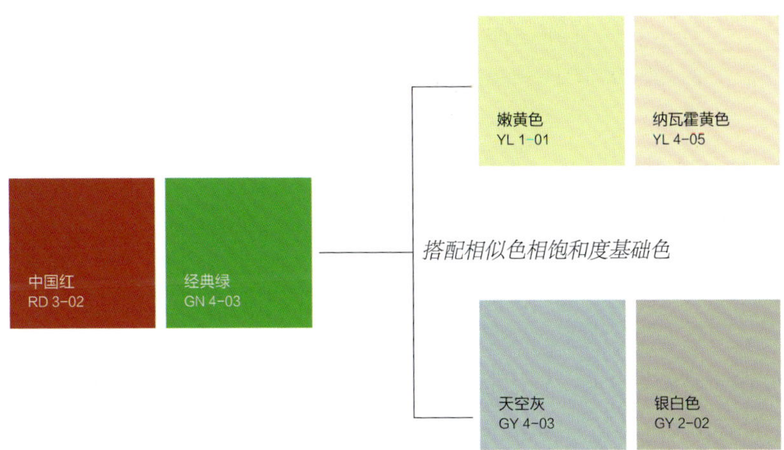

The Sailor from Gibraltar

直布罗陀水手

深蓝色的波浪涌动，搅拌着红色的珊瑚海，阳光探不到的海底沙滩，石头也泛着灰白。平静的直布罗陀海峡上，水手穿着蓝色的条纹衬衫，目光望向遥远的地方，帆船随着海水起伏，和幻想有关的故事就此在一望无际的海上展开。

解析：*珊瑚色和维多利亚蓝的搭配总是能让人想起海底世界的瑰丽壮美。亮白色的天花板以及门框让房间变得透亮，如月光下豪华游轮上的宴会。银色的混凝土茶几带有原始而凉爽的触感，蜂蜜色的金属摆件增添了现代的奢华气息。靠墙的边桌上方，中式风情的瓷盘、花瓶和摆件围绕一面镜子展开，带来十足的趣味性。*

珊瑚色
RD 1-01

亮白色
GY 1-01

维多利亚蓝
BU 3-03

银色
GY 1-03

蜂蜜色
YL 3-06

City Zebra
城市斑马

有多少人，生活在钢筋水泥的现代城市，却仍然憧憬着森林、草原和溪流。他们就像斑马一样，带着桀骜不驯的野性和心系自然的牵绊，穿梭在汹涌的人流中，笑看人生，宠辱不惊，无时无刻不在计划着一场浪漫而盛大的迁徙。

解析：*色泽雅润的残烬红在这个空间中书写着一种怀旧复古的情感，纯黑色的条纹地毯尽管现代，却似乎也有要把时间凝固于此的打算。亮白色的天花板和明亮的开窗打破了空间的浓墨重彩，青铜色的沙发和单人椅是黑白之间的纽带，窗前的软榻上方，一个古金色的裙型壁灯丰富了用以深思的角落。*

残烬红
RD 1–02

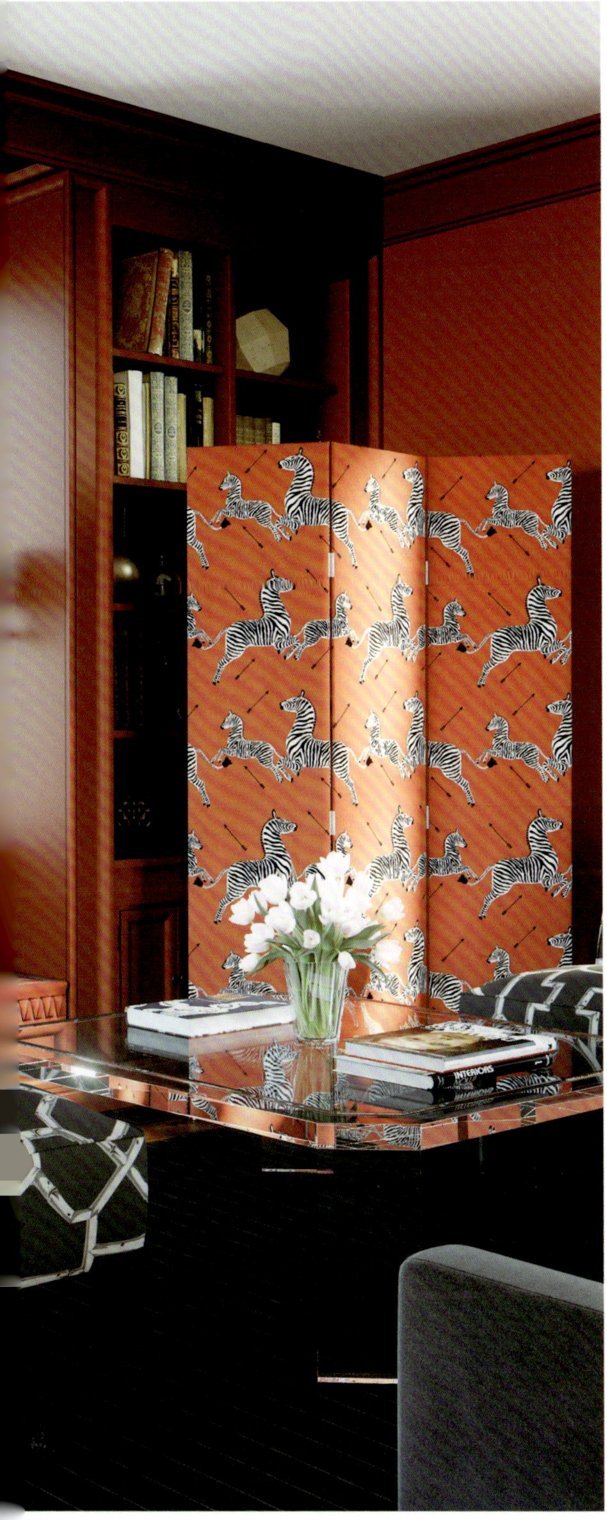

青铜色
GY 1–06

纯黑色
GY 1–08

亮白色
GY 1–01

古金色
YL 2–06

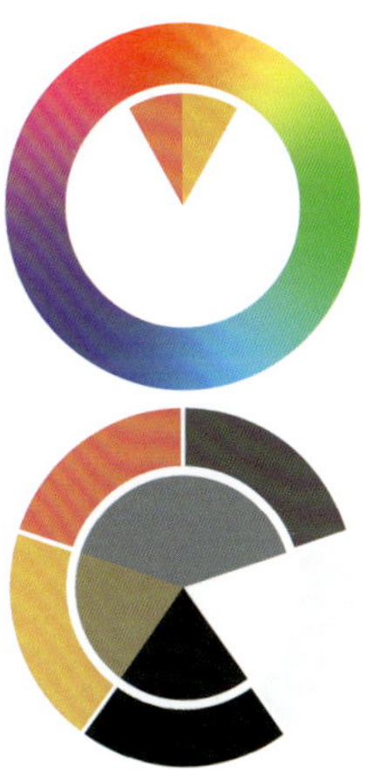

Windmill and Tulips
风车和郁金香

晴空下，原野上，风车矗立河边，在微风的轻抚下，沙沙转动；红色的郁金香拥挤在岸边，在青草的簇拥下，害羞地打量着自己倒映在水中的容颜；花香引来蝴蝶，在红海般的花丛中追逐嬉戏，挥舞着彩色的翅膀，抖落花粉，让香甜的蜜装点温软的泥土。

解析：*橘红色与漆面搭配，打造出珠宝盒一般的感觉。天花板上涂了亮白色的漆，保持整体光洁无瑕。太妃糖色的浮雕纹地毯、粉色的印花沙发以及藤制的玻璃茶几创造了一种田园的感觉。孔雀蓝的天鹅绒沙发优雅而富有女性化气息，甜菜根色的靠包散发出浓郁的糖果味道。郁金香吊灯像是团簇的花团，神圣而唯美。*

太妃糖色
BN 2-06
亮白色
GY 1-01
孔雀蓝
BU 5-05
橘红色
RD 1-03
甜菜根色
PK 2-03

A Quiet Tropical Ball

寂静的热带舞会

热带雨林本身就是一场生命的狂欢，从最高的树的枝头到土壤深处，满是斑斓的颜色飞舞。扇动双翼的蝉抖落金色的花粉，羽毛蓬松鲜艳的天堂鸟，披着翠绿色外衣的蛙，灰色的大象，都在繁茂的枝叶间穿行，叫嚣着生命原始的活力和悸动，然后悄无声息地绽放。

解析：*橘红色的热带动物壁纸塑造了这间书房的背景氛围，讲述着热情而私密的冒险故事。残烬红的碎花窗帘和布艺茶几展现出一种细腻的层次感。纳瓦霍黄的沙发和地毯温暖柔和，窗前一个皮革棕的单人椅打造了舒适的遥想角落，纯黑色的挂画边框则塑造出一种并不显眼的严谨气息。*

The Splendid Country
锦绣蓝田

进入古诗文的世界，让禁锢于俗世的身心暂时忘却烦忧，进入那繁华壮丽的盛世，目睹那南海之南的唯美。裙裾飘飞，轻歌曼舞，羡煞姹紫嫣红的花丛；蓝田日暖，烟雾凝化成玉石，写入古老的传说；月下独酌，不管是怀古伤今，还是通透豁达，心境都随着历史的波涛起伏，徘徊于壮丽的山间。

解析：*艳丽的橘红色下沉到清新的柔和蓝背景中，宛如梦境中的异国花园。亮白色的床品与窗框打开了空间，让风流动起来。奶油色的剑麻地毯覆盖着地面，洋溢着细腻的自然气息。一个深海蓝的天鹅绒椅子靠着床尾的书架，与厚重的精装书籍一起创造出一个庄重而迷你的休闲角落。*

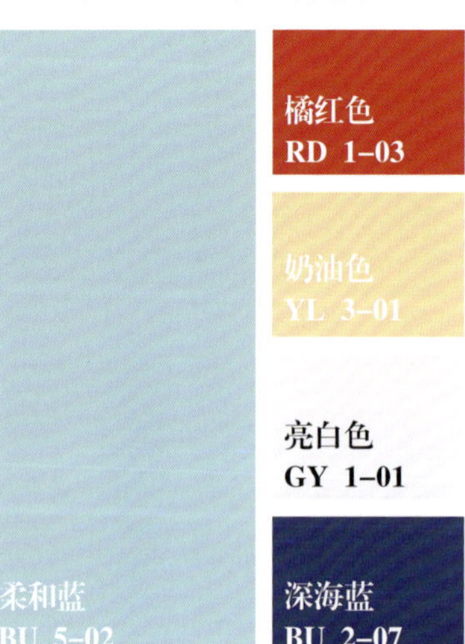

Perfume Temptation
香水情氛

高级的香水就像是致幻剂，让人不知不觉跌入异国的迷境中。在那冰之国的湛蓝天空下，红色的丝绸犹如半透明的水母在空中飘舞，摇曳缠绕成少女的红裙，在孤独的海岛中绽放，妖娆而迷离。闭上眼睛，倾听那朵朵柔情，让游吟诗人的歌声带你走入那缥缈而绚丽的气氛。

解析：*这间绚丽的餐厅洋溢着精致的中式风情。火红色的餐桌椅拥有精雕细琢的轮廓，饱满的颜色与挪威蓝的墙纸形成鲜明对比。亮白色天花板映衬出下方的景色，苦巧克力色的壁炉与金色的装饰配件显得端庄而华丽，一盏站立的人形灯颇具异域味道。*

Polar Summer
极地之夏

遥远的北极，冰雪覆盖的天地。当漫长的冬夜随着极光一同散去，短暂的夏日来临，低矮的植物在阳光和雨水的召唤下从岩石缝隙和沙砾中探出头来，细碎而鲜活的颜色像巨大致密的毛毯一样铺满了辽阔的冻原。欢快的溪流奔涌，鸟类也加入极地舞会中，享受这一丰富而转瞬即逝的假期。

解析：*富于原始感的横梁，清新的花鸟壁纸，全方位包裹的亮白色在这个空间中创造出明快的极地气氛。纯黑色的地毯与配饰营造了现代时尚氛围，并使空间感觉更加清纯。两个蜜桃色的沙发用宝石图案的靠包装饰，白色的亚麻窗帘配有蜂蜜色丝绒镶边，与空间中的金属色调相呼应。正对着壁炉，两个维多利亚蓝的印染风格单人椅与门边的桶形茶几继续完成了色彩的流转与统一。*

Spiced Coral

蜜桃色
RD 2-03

纯黑色
GY 1-08

蜂蜜色
YL 3-06

维多利亚蓝
BU 3-03

亮白色
GY 1-01

Fiery Red

Abyssal Rose

深海玫瑰

海的深处没有阳光，仅有的稀少养分却依然哺育了色彩斑斓的生命体。它们就像静水深处的精灵，摆动着柔软的透明的翅膀，怀抱泥沙的温柔和来自海面的馈赠，在凝固的时间里，在定格的寂静中，捕捉着微弱的氧气，开成墨蓝色夜空中的玫瑰花丛，装点着梦中的海市蜃楼。

解析：*当你使用了一种很浓烈的色彩来装饰房间时，你必须用另一种很强烈的色彩来搭配它。在这间新艺术风格的餐厅里，火红色的墙壁和同样强烈的深海蓝色调使彼此同样闪耀，就像挤在一个首饰盒里的珠宝。亮白色的天花板和石膏线装饰用来放空，使空气流通，而纯黑色似乎隐形了，退到视线之外。香薰色配件所拥有的低调色泽与精致的雕刻艺术相搭配，为空间增添了古典的雅致。*

亮白色
GL 1-01

深海蓝
BU 2-07

纯黑色
GY 1-08

香薰色
BN 2-02

Camellia Around the Light Snow

薄雪绕茶花

初春时节，山城乍暖还寒，积雪被阳光消融，被微风消磨，露出蜿蜒曲折的山路小径，在茂叶清流的召唤下，山茶花竞相盛放，浓艳缤纷的身姿摇曳在如烟的薄雾里。落花时，又一瓣一瓣凋零，遍地红锦，随风扫至路缘岩缝，待与雪共融。

解析：*亮白色的背景清爽干净，犹如初春景色映照的晴空。极光红色的窗帘为空间注入了热情明媚的气息，鲨鱼灰印花长沙发倚靠着窗口的和风与阳光，搭配草绿色的花纹软垫茶几，彰显出精致的田园氛围。*

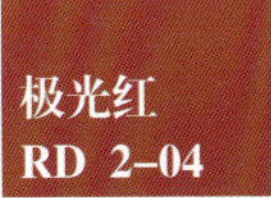

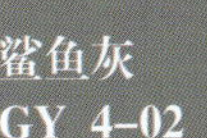

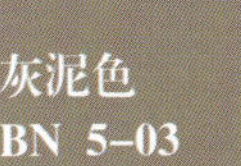

亮白色
GY 1–01

草绿色
GN 5–02

Nightingale and Rose
夜莺与玫瑰

灰色的夜莺沐浴在亚麻色的阳光下，歌声婉转动听，像银瓶里涌溢的水浪一般清澈。玫瑰盛开，鲜艳的颜色装点着安静的花园，香气馥郁，像盛大的红丝绒帷幕铺展，遮盖半片天空。爱恋的邀约到来，一支红玫瑰换一支舞蹈，夜莺在月光中歌唱，焰光的色彩是爱的双翅，摇曳在钢灰色的夜色中。

解析：*灿烂深邃的中国红与阳光色壁纸搭配，创造出静谧安逸的田园氛围。光亮的墙漆像是倒流的融雪，在空间中舞动出瑰丽的动感。亮白色的印花沙发、靠包和窗帘，折射出英式传统的高贵与优雅。钢灰色圆点图案地毯使上层空间更加紧密地结合在一起。一个灰绿色的脚凳打破红色的垄断，带来生动的呼吸感。*

Chinese Red

中国红
RD 3–02

阳光色
YL 4–01

亮白色
GY 1–01

钢灰色
GY 1–05

灰绿色
GN 5–04

Desert Flower
沙漠之花

沙漠之花不仅是自然界的奇景，更是一种关于生命的非凡勇气。土地贫瘠，黄沙漫天，炽热的风稀释了水汽，然而，顽强的生命却常常以超乎想象的坚韧，在荒漠中绽放属于奇迹的绿意，吐露神话般的娇艳芬芳。

解析：*这间客厅的特点是图案和颜色混合，明绿色的墙纸穿插笔直的叶藤图案。棉花糖色的地毯和窗帘具有轻盈而柔软的视感，流苏装饰的中国红天鹅绒沙发如林中盛开的玫瑰，将整个房间点亮。太妃糖色的豹纹靠包与深色的鹧鸪色木制家具拥有传统风格的端庄与大气，抽象派的画作带来时尚的现代音符。*

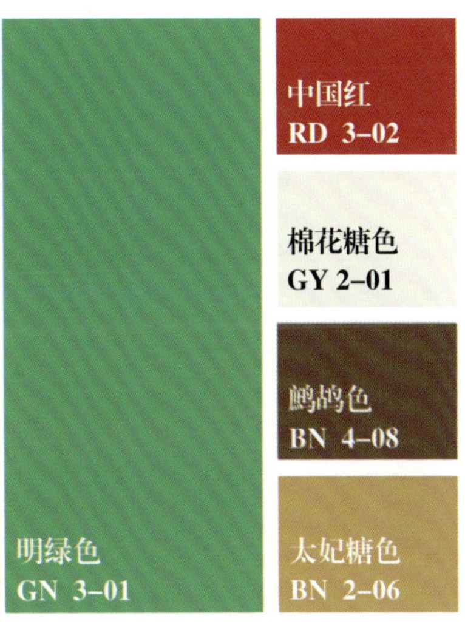

Fishing Junks at Sunset
渔舟唱晚

夕阳轻点江面，层峦的山峰和葱郁的树木在水光交辉的光华中渐渐消隐。万顷碧波在夕阳的映照下熠熠生辉，打鱼人悠然自得，在渔船上放声高歌，船帆林立的渔船靠岸回家。远处，彩霞与野鸭一起飞翔，江水和辽阔的天空连成一片，浑然一色。

解析：*洛可可红与代尔夫特蓝交织打造的中国风图案覆盖了墙面和天蓬床，亮白色的天花板和护墙板将墙纸夹在中间，就像铺展开的巨幅画。月光色的地毯恬淡悠然，仿佛桥边树下摇曳的月色，玳瑁色的竹制床头桌上摆放着形状不一的青花瓷花瓶，与床头板和靠包相映成趣。*

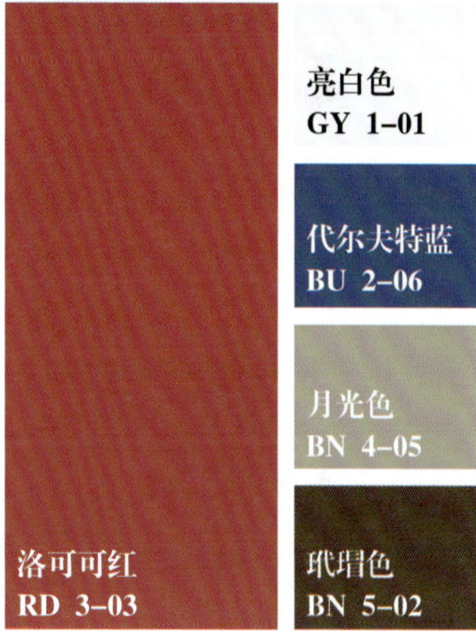
亮白色
GY 1-01
代尔夫特蓝
BU 2-06
月光色
BN 4-05
洛可可红
RD 3-03
玳瑁色
BN 5-02

The Light of Istanbul
伊斯坦布尔的光

伊斯坦布尔，一座充满帝国遗迹的城市，似一位入画的美人，驭舟徜徉在碧波之间，洁白晴明的天空之下，迁徙、没落和流离都变成一种五彩斑斓的回忆，待夕阳西下，万家灯火在落日余晖的映照下透出点点橘红，哀愁与彷徨变成一种无声的盛宴，伴随着金色的浪涛，在滚滚的历史中跌宕起伏。

解析：*亮白色的背景和高大的半圆形拱顶给了这个空间一种大教堂般庄严宏伟的感觉。黄色和红色的碰撞活力四射，纯黑色的剪影人像挂画淡化了花蕾红窗帘的甜腻感，黄绿色的地毯上方，古董法式长椅以洛可可红布艺重新装饰，其颜色与窗帘相映衬，形成一种视觉上的推进感。*

玫瑰红
RD 4–01

黄绿色
GN 7–06

洛可可红
RD 3–03

亮白色
GY 1–01

纯黑色
GY 1–08

ORANGE *System*

橙色系

橙色让人想起秋天的收获，相比万物的萧索，它显得活力四射。从经典的爱马仕橙到元气满满的活力橙，橙色系以高调的姿态和饱满的力量感为家装设计开启了梦幻的新纪元。它是色彩的新贵，是时尚宠儿，它为家居注入高明度的暖橙因子，跃跃欲动，将漫漫的活力注入空间，配合着优雅的色泽，谱写了一曲浪漫的欢乐颂。

配色应用

Color Matching Application

当乐观的荷兰人选择橙色作为国色的时候，我们很难找到比它更加快乐、开朗的色彩。

橙色是时尚的色彩，也是自然的色彩。在家居设计中，它往往是点睛之笔，最为个性的表达方式。我们可以设想，当你使用橙色作为房间的背景色时，照明设备可以选用古老的枝形吊灯和古典壁灯，地板上铺设一块摩洛哥花纹的地毯，上面用绿色的几何装饰，与橙色搭配效果很好。

在大多数情况下，空间内部经常采用的是中性、沉稳的自然色彩或柔和的色彩。因此，想要增添个性的时候，可以使用明亮对比色的背景墙，在这里橙色是最佳选择。

在室内设计时，作为背景色经常大面积使用的橙色主要是灰色调的南瓜色、奶油糖果色和柔和色调的镉橘黄。而作为空间强调色，突出个性制造焦点的橙色经常是明亮的爱马仕橙色、活力橙和珊瑚金色。

常用橙色

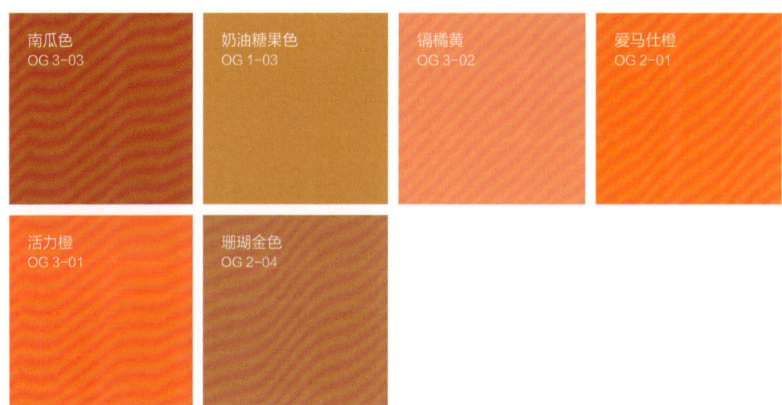

推荐搭配思路

—— 在现代简约设计中，经常使用黑白灰的色彩搭配，黑白的明暗对比以及灰色的质感都非常容易形成简练的装饰风格。背景色可以使用柔和色调的冰川灰或者中性色调的钢灰色，前者轻柔飘逸，后者沉稳厚重。亮白色和纯黑色作为强烈对比色，既勾勒出空间清晰的线条，也营造出简洁时尚的感觉，在此基础上，爱马仕橙作为空间的强调色，它时尚、跃动的特性可以得到充分发挥，没有颜色可以掩盖它的光芒。

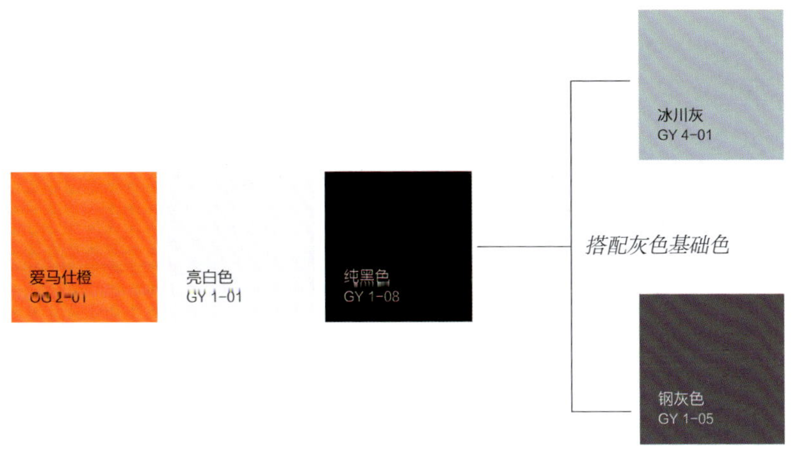

—— 在打造时尚都市格调时，配色变得大胆起来，这也体现了都市人的个性主张。在这个配色方案中，突出了邻近色的搭配，活力橙色搭配帝国黄，邻近色相的弱对比，既有橙色的活力又有黄色的尊贵，既相互对比，又彼此协调。它们作为空间的强调色，集中表达了个性主张。而在空间基础色的选择上，可以选择近似灰度的大地色调，比如古巴砂色和晚霞色，可带来温馨舒适的感觉；也可以选择无彩色系的亮白色和银色，带来简约时尚的感觉。

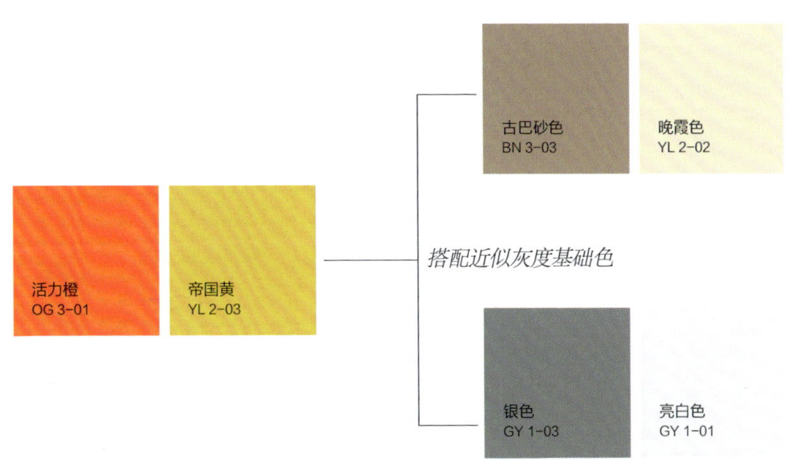

The End of the Map
地图结束的地方

开启一场生命的旅行，没有目的地，也没有伴侣。但美好往往都是不期而遇——邂逅神秘的部落，听一段不可思议的传说，学一些在城市中无用的技能，生命就是在旅途中逐渐成熟，领悟都是在路上。而在地图结束的地方，我们是否已心满意足？还是满怀遗憾？

解析：*这间浴室由异想天开的手绘壁纸作为背景，奶油糖果色与魅影黑色的搭配增强了这间浴室的摄政风格。蜂蜜色调搭配纤细的金属吊灯和配件，带来奢华气质。古典的单椅采用了金属的配件，椅面的粉丁香色给空间注入了女性的娇柔魅力。*

魅影黑
GY 3–05
蜂蜜色
YL 3–06
粉丁香色
PK 3–01
奶油糖果色
OG 1–03
亮白色
GY 1–01

The Ice Sheet under the Aurora

极光下的冰原

极地冰原充满了神奇的魅力，黑白交替，让大地显得乏味，而极地的极光，是自然给这个世界的馈赠。单调的色彩，被丰富的极光所填充，不仅如此，光线的交替变换，带来美妙的景观，黑白世界反而成为它们最好的注脚，让那些鲜艳的色彩尽情地渲染，让天地间变得没有了界限，如梦如幻。

解析：*这套案例墙面使用了经典黑白渲染，同时搭配了同样对比强烈的挂画和屏风装饰。而在家具陈设上，岩石灰色的地毯上摆放着现代家具，皇家蓝色的单人沙发搭配热情的爱马仕橙色双人沙发，成为空间中醒目的焦点。这样夸张浓烈的风格对比，可以塑造丰盈的视觉效果。*

爱马仕橙
OG 2–01

皇家蓝
BU 1–03

岩石灰
GY 2–05

亮白色
GY 1–01

魅影黑
GY 3–05

MEAGHER

Summer in the Seventeen
十七岁的夏天

青春时代的夏天，尤其是在海边，那是梦幻的天堂。波澜壮阔的海面，潮来潮去的躁动，都如同青春的脉搏，产生着共鸣。青春注定是五颜六色的，橙色的海岸，蓝色的海水，金色的沙滩，翠绿的植物，以及耀眼的夏日阳光。十七岁的夏天，一生中最难忘的时光。

解析：*这是一处别致的空间，墙面全部采用橙赭色装饰，天花板上的固定装置是由打捞的船舱旧材料制成的。白鹭色的地毯上摆放着魅影黑色的皮沙发。古董黄铜床上覆盖着灰蓝色织物和谷物袋制成的靠包，看上去轻盈而舒适，和窗外广阔蔚蓝的水面形成了良好的呼应，而茶几上摆放的一束浅薰衣草色的植物，为空间注入轻盈浪漫的气息。*

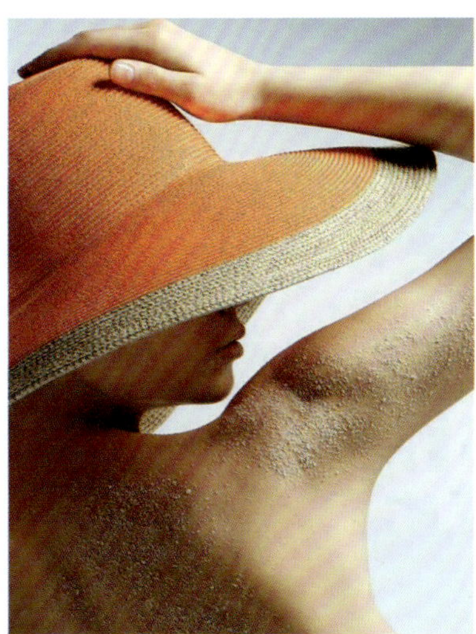

橙赭色
OG 2-02

白鹭色
YL 2-01

灰蓝色
BU 2-05

魅影黑
GY 3-05

浅薰衣草色
PL 2-01

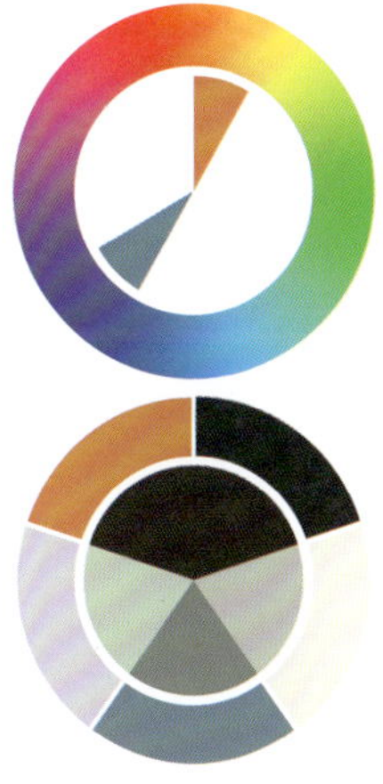

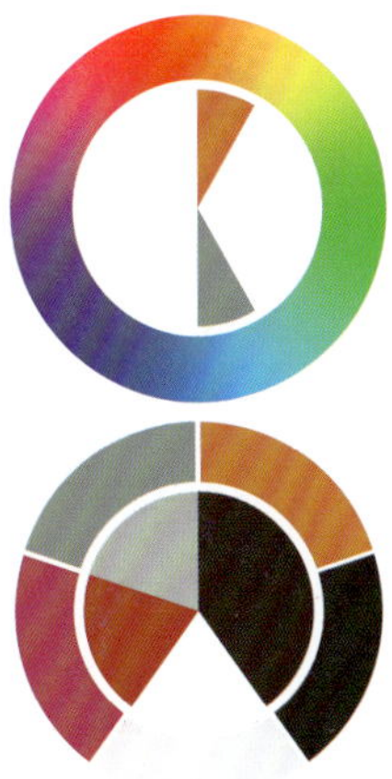

Snow Sunset
积雪余晖

冬日在不停地蔓延，暖色调似乎绝迹，也许落日余晖中投下的那一抹橙色的温暖，在大地上成为一条橙色走廊。冬日的魅力在寂静中得到彰显，静止而素雅，而一抹橙色的光影，仿佛世界遗落的一个精灵，跳跃着，歌唱着。

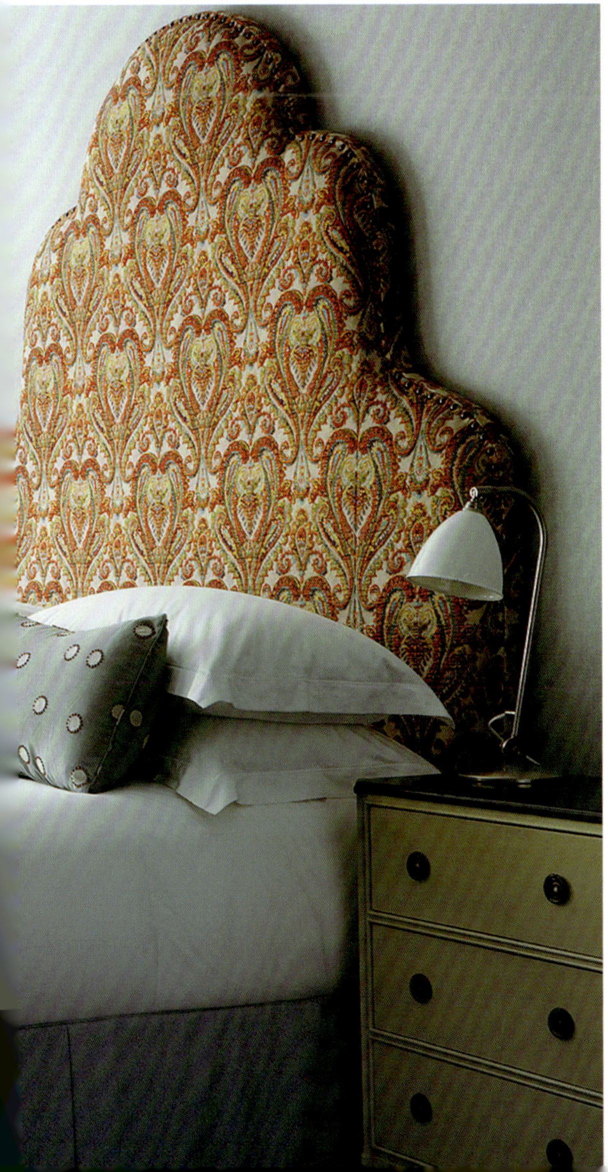

解析：*当高级灰邂逅橙赭色，当内敛的绅士面对浮华的贵族，那份由内而外散发的优雅气质与高贵风华令人难以自持。卧室空间以银色为背景色，奠定空间基调，橙赭色的床头板、沙发等成为空间焦点，还点缀了甜菜根色的花卉和魅影黑色的挂画。低调内敛与高调悦动的强烈反差，留给人无限的遐想，想要一探究竟。*

银色
GY 1-03

橙赭色
OG 2-02

亮白色
GY 1-01

魅影黑
GY 3-05

甜菜根色
PK 2-03

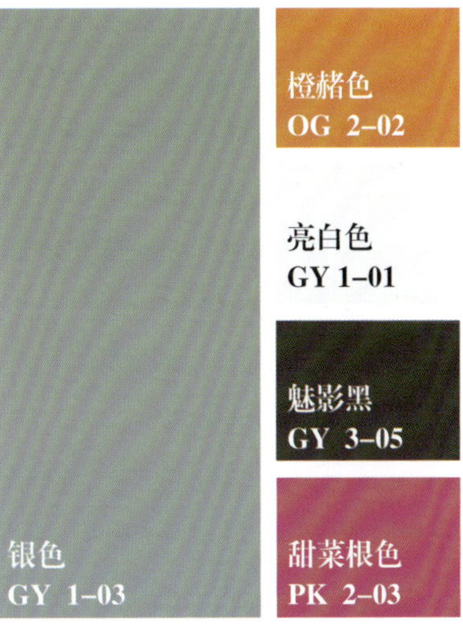

The Spring Tipsy Night
春夜微醺

春夜梦多，一幅幅美景萦绕脑海，橙色的斑马在丛林中奔跑，这也许是哺乳期母亲讲述过的童话。遥远的记忆被梦牵引，一点点唤醒。帝王的宫殿，斑驳的罗马柱，乡民翩翩起舞。春天的酒醉人，而梦迷人，回忆和憧憬混合在一起，让你忘记了哪些是过去，哪些是未来。

解析：*趣味十足的儿童房设计案例，墙面使用了珊瑚金色的斑马纹印花，充满了梦幻的感觉。古巴砂色的地毯上，摆放着优雅的四柱床，床品使用了黄绿色格子图案，而靠包也呼应了床品和墙壁的颜色。床尾菠菜绿色的矮凳精致可爱，非常适合儿童房的空间氛围。*

古巴砂色
BN 3-03
黄绿色
GN 7-06
亮白色
GY 1-01
珊瑚金色
OG 2-04
菠菜绿
GN 6-03

A Letter from Autumn
秋日书

秋日，伴随着天高云淡，我们和影子做伴。拉长的倒影被秋天的橙色浸染，那金灿灿的叶子，色彩饱满的果实，是秋天丰硕的赐予。当行走于秋天的萧索中，遍布山林和原野的是无边灿烂，而枯萎的落叶追逐着温暖的阳光。

解析：*豹纹地毯是一种性感而百搭的中性底色，它与珊瑚金色的卧室壁纸搭配形成了一个温暖而优雅的空间氛围。大型康乃馨粉色挂画与庞贝红的床品形成了很好的呼应。而魅影黑色在空间中频繁使用，搭配精致的花卉图案，从而获得了时尚优雅的效果，浅松石色的灯罩在暗色调的空间中显得格外明亮典雅。*

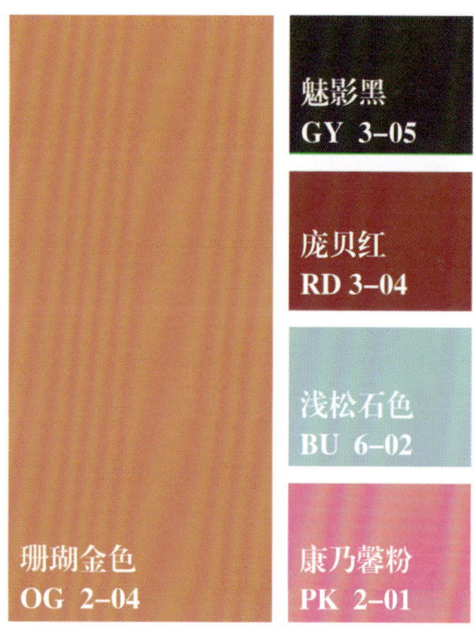

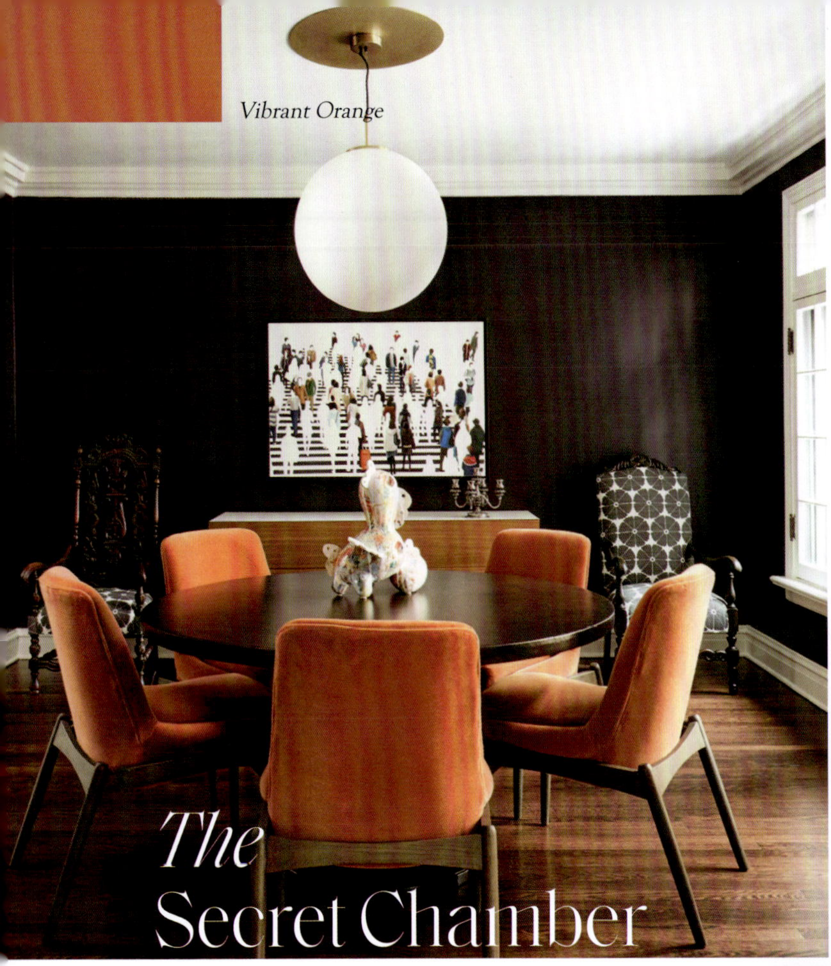

Vibrant Orange

The Secret Chamber

密室中的旅行

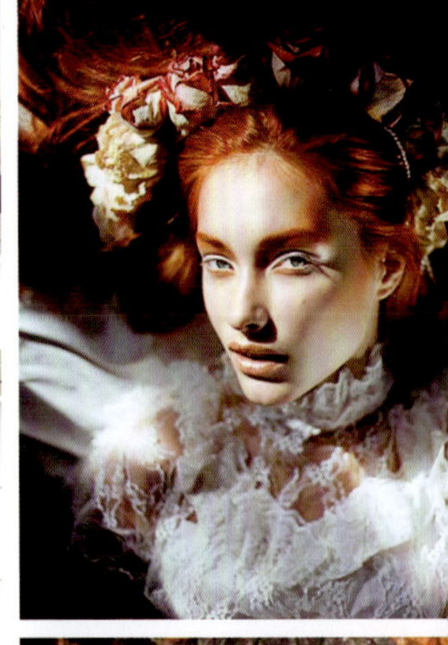

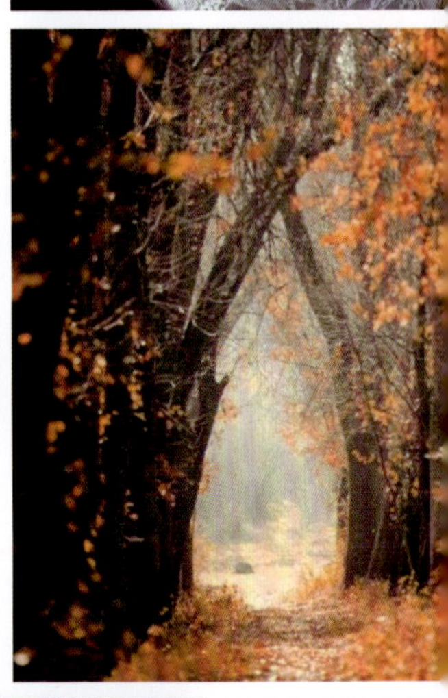

无人知晓的密室，隐藏于黑暗中，它是现实世界在脑海中的倒影，密室中的旅行，是一场心灵的历练，是于黑暗中探寻光明和活力的发现之旅。从中找到希望，找到热情，找到人生的意义。

解析：*墙面使用了魅影黑，搭配亮白色的木质框架和踢脚线，显得现代而简约。靠墙的两把单椅使用了白鲸灰的图案，虽然都是黑色，但是因为色差的存在使得空间更具层次感。餐椅使用了活力橙色的包布，带来明亮和时尚的感觉。空间还可以适当点缀一些绿色植物，引入自然的气息。*

魅影黑
GY 3-05

亮白色
GY 1-01

活力橙
OG 3-01

白鲸灰
GY 1-07

树梢绿
GN 5-05

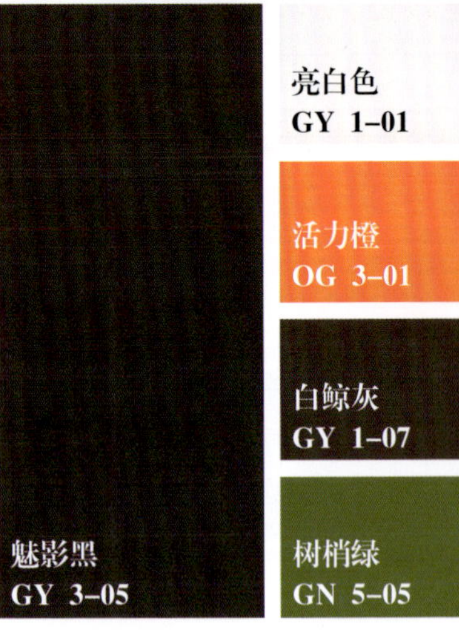

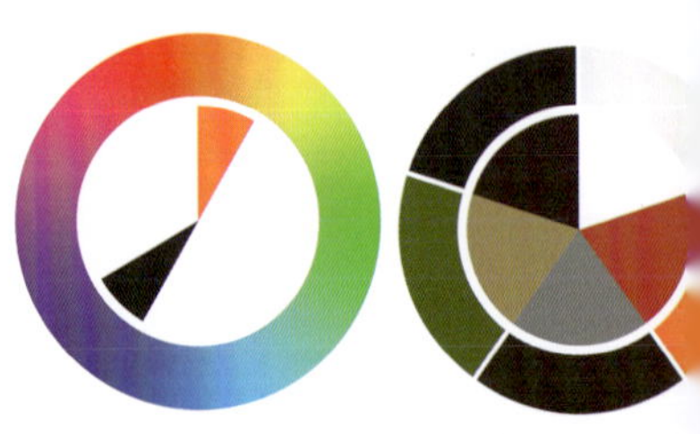

Cantilena
抒情曲

一首抒情曲，配合着肢体的舞蹈，将内心深处的情感表达得淋漓尽致。橙色是活力的象征，蓝色是冷静的思考，白色是时光的流逝，而绿色是生命的蔓延。它们在音乐中，时而融合时而疏离，如同理智与情感的纠缠，最终成为一个人的两面。

解析：*卧室空间使用了充满活力的南瓜色涂料装饰墙壁。搭配亮白色的床具和床品，床头设计别出心裁，景泰蓝的地毯和床上同样颜色的靠包相互呼应。空间中点缀了魅影黑色的家居饰品，与亮白色形成鲜明对比，而在挂画中出现的树梢绿，既缓解了墙面大量橙色的压迫感，也为空间带来自然的气息。*

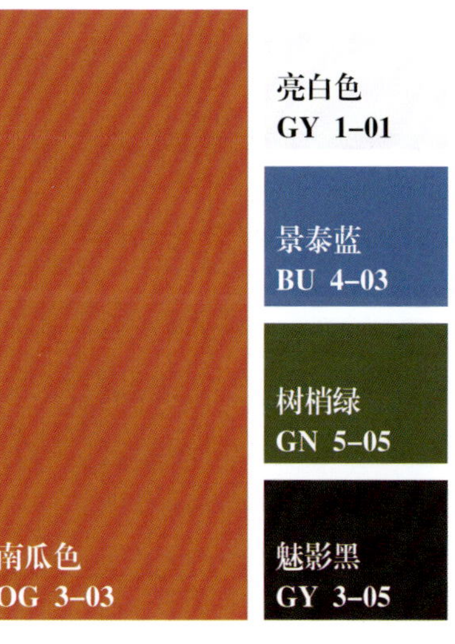

Orange Time in Early Summer
初夏的橙色时光

初夏时光，是百花消散后的枝繁叶茂，是温暖的阳光变得炙热如火。初夏是橘子汽水出现在街头巷尾，是随处可见的橘色裙摆、短裤、遮阳伞。属于夏天的橙色，它是心安的快乐，一种烈日下依旧笑容满面的情怀。它是青春的色彩，它所代表的热情、活泼也在夏日的热风和汗水中，激情宣泄。

解析：*南瓜色空间内铺设深牛仔蓝地毯，冷与暖的碰撞，为空间注入无限活力感的同时，也彰显着时尚轻奢的格调质感。可选择在空间配搭亮白色的沙发和魅影黑的挂画来中和橙色系墙面的亮度，纳瓦霍黄色的天花板与金属质感的精美吊灯，凸显沉稳现代的时尚品位。*

Harvest Pumpkin

南瓜色
OG 3–03

深牛仔蓝
BU 2–08

亮白色
GY 1–01

纳瓦霍黄色
YL 4–05

魅影黑
GY 3–05

The Wardrobe of Muse
缪斯衣橱

没人能够想象缪斯的服装，就像无法想象她的容颜。满足了每一个人的想象，于是美才变得永恒。缪斯的衣橱里面有你最爱的时光，有你所知道的和你所向往的，它们可能是哥特式的神秘，巴洛克式的威武，抑或洛可可式的柔美，这些美好的外在赋予人们内在的勇气，仿佛一道魔法，让人脱胎换骨。

解析：*房间的墙壁采用了南瓜色带暗纹的墙纸，充满宫廷的奢华感。冰川灰的地毯上摆放着哥特式的家具。艺术家Carl Thom在浅孔雀蓝屏风上绘制了庄园的场景，阳光色的床幔上面印着优雅的枝叶，醒目的床罩是巴基斯坦风格的，沙漠红色的床尾凳展现了优美的曲线。*

南瓜色
OG 3-03

冰川灰
GY 4-01

浅孔雀蓝
BU 6-03

阳光色
YL 4-01

沙漠红
RD 2-05

Sail on the Mediterranean
地中海上的帆

蔚蓝的地中海刮过夏天的风，穿过岸边一幢幢洁白的外墙建筑，最终成为悬浮的空气，静止在蓝白交错的时光中。橙色是地中海上的帆，是游人身上的服饰，是建筑内亮眼的装饰，他们的存在，仿佛让你看到夏风吹过的样子，千帆竞发，衣带飘飘，在这精致的画面上，留下一道出挑的色彩。

解析：*地中海式的配色用在现代空间中，带来十分有趣的效果。空间墙面使用了蓝色和亮白色的组合，加上良好的采光和充沛的阳光，表现了浓郁的海洋风情，尤其是墙面上悬挂的皇家蓝挂画，强化了这种感觉。但是，香槟粉色的地毯，淡丁香色的长沙发搭配火焰红的单人沙发，使得空间又充满了热情和甜蜜的感觉。*

淡丁香色
PK 3–03

香槟粉
PK 4–02

火焰红
OG 3–04

皇家蓝
BU 1–03

亮白色
GY 1–01

Butterfly Dance

蝴蝶之舞

橙色是可以伴你一生的色彩，它是童年的梦幻，青年的热情，中年的优雅和晚年的从容。它像一只蝴蝶在时光中穿梭，停留在任意美好的时刻。它与自然相关，绽放的花朵和被秋霜浸染的山林都披上了它的色彩，它与时尚有关，用充满活力的色彩征服人们的目光。当然，它的美又是短暂的，就像昙花，需要格外珍惜。

解析：*这个案例中，各式各样的图案和花纹让色彩间的流动充满艺术性。墙面使用了优雅的探戈橘色，与亮白色形成对比和过渡。自然的经典绿地毯、尊贵的孔雀蓝单椅、艳丽的深紫红色墩椅，这些积极的色彩与探戈橘色一起演绎空间的“戏剧性”，充满对撞感的色彩大量汇集，营造出生动自然的情绪氛围，让空间充满了活力。*

Tangerine Tango

亮白色
GY 1-01

经典绿
GN 4-03

孔雀蓝
BU 5-05

深紫红色
PL 1-08

探戈橘色
OG 3-05

YELLOW *System*

黄色系

黄色，是一首超越时空的恋曲，它与善意和希望相连，灿烂着夏季，也温暖着冬季。温柔又惬意的黄，就像点缀在蛋糕上的一抹蓬松的奶油，在舌尖上融化，用香甜的气息麻醉味蕾。置身于茂盛的向日葵花田间，沐浴在干净清透的阳光下，随着淡淡的薄纱般的黄，感受田园牧歌式的生活。夜晚来临，无数灿烂的星光点缀着墨蓝色的天空，把夜晚变成一个绮丽的金黄的梦。室内的黄色，是对心情的洗礼，对幸福的加冕。

配色应用

Color Matching Application

黄色是太阳和炎热夏天的颜色，也是近年来设计中使用最频繁和最时尚的颜色之一。对于朝北的房间以及任何缺乏自然光线的房间，明亮的黄色色调的墙壁和装饰将是最佳的解决方案。黄色的靠包在明亮的房间里是一个亮眼的细节，像这样醒目的点缀可以为任何中性色的室内装饰增添色彩。

一种时髦的色彩可以让整个室内焕发出新的生机，尤其是涉及黄色这样明亮和正能量的颜色时，但是也要注意不要过度使用它。比例感是成功设计的主要原则，黄色不应该占据整个房间，正确“分配”该颜色，应将其限制在一些壮观、明亮的细节上。比如黄色家具是改变房间的好方法，即使是最无聊的室内，也可以用一件明亮的黄色家具使其变得活泼起来。它可以是用于放置碗碟的餐具柜、床具或者桌子等，最主要的是它将始终吸引眼球并成为人们关注的焦点。另外，设计师们在缺乏温暖和光线的小而暗的房间里使用黄色家具和色彩装饰，比如黄色条纹将是一种有效的方法，在以白色为主的浅色内饰中，黄色的小型几何点缀看起来会非常不错。

常用黄色

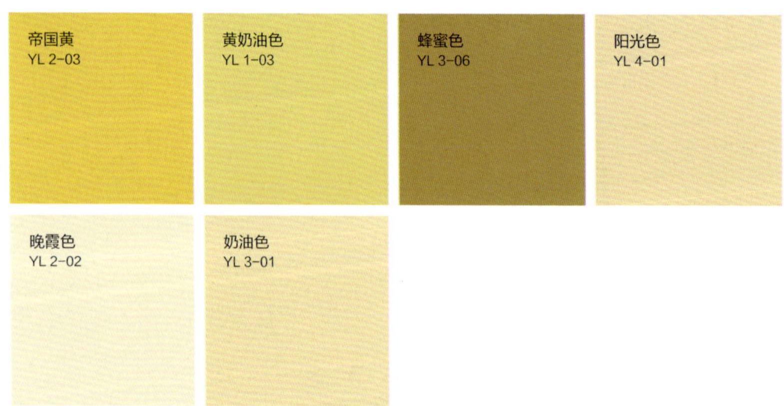

推荐搭配思路

——现代设计的主要趋势之一是“城市丛林”的整体绿化。今天的城市丛林不仅是互联网上最受关注的标签之一，还是一种完整的生活哲学。纯正的黄色非常适合它，比如帝国黄、古金色，它们可以与室内新鲜的绿色完美地结合在一起，比如祖母绿、青椒绿等，这些绿色可以出现在绿植上，也可以出现在背景墙或者家具上，这组颜色在中性色背景的衬托下，为房屋增添阳光和夏天的感觉。

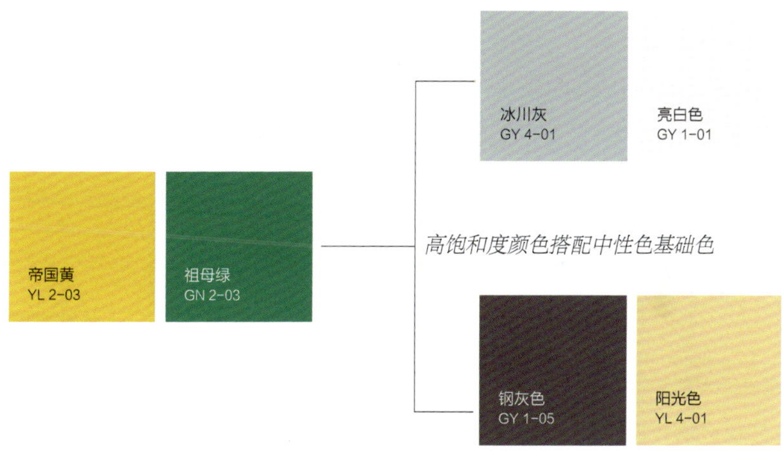

——黄色、灰色和金色这是一组永不过时的组合。在室内混合这些颜色，永远都不会出错。背景色可以选择素雅的冰川灰，再加入亮白色，而黄奶油色可以用于布艺或者家具，金色用于点缀细节。对于更明亮的组合，建议将黄色和蓝绿色搭配使用，比如背景色使用深海绿和亮白色的组合，这样的家将始终拥有轻松的氛围，炎热的季节里也会使人联想到蔚蓝的大海和金色的海滩！

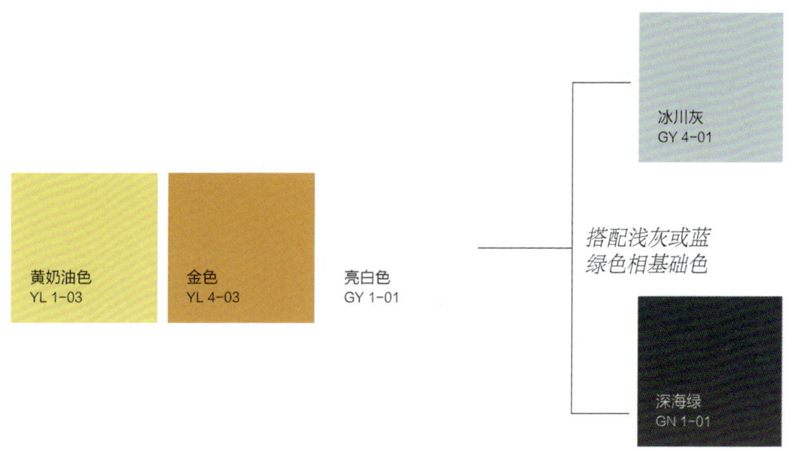

Mansfield Park

曼斯菲尔德庄园

就像在阳光上涂了一层奶油，英式的古典庄重中总是掺杂着淡淡的温馨。在乡间的小路上，在花园的水池边，建筑的黄色外墙与修剪整齐的树木一样安详笃定，彬彬有礼的绅士穿着深色的西装，双人马车走过满目空旷的风景，纱帽下平静的脸透露着笑颜。

解析：*这间联邦风格的餐厅采用了一种温暖而朴实的配色，黄奶油色的墙面搭配亮白色的天花板和窗框来打破单调，貂皮色的木质餐椅搭配纯黑色真皮坐垫，显示出传统的绅士做派，树梢绿的木质百叶窗为餐厅增光添彩，水晶器具与黄铜装饰相遇，营造出清脆而灵动的声响之感。*

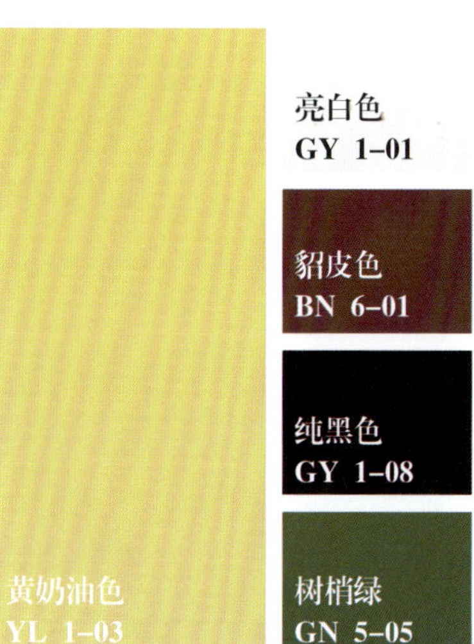

Brideshead Revisited
故园风雨后

无边的田野，被晴空和自然环绕，山脚下的村庄，平淡安详。那美好的田园牧歌般的生活，闪耀在20世纪的和平岁月中，独特的芬芳和旋律，就像阳光拍打着海浪。自行车的铃声飞奔在山坡的金色小径上，湛蓝的天空写满了晴明和无忧，觥筹交错的聚会上，蓝裙在稻草间飞舞，露出欢快有力的舞步。任时光流转，惦念依旧。

解析：*以黄奶油色作为背景，墙漆的亚光质感与亮白色的反光框架相互衬托，复古感扑面而来。米克诺斯蓝的印花地毯与窗帘相呼应，皮革棕色的沙发用蓝色印花靠包装饰，原木雕刻的中央茶几与现代风格的纯黑色钢制边桌，一个原始一个现代，形成有趣的对比。*

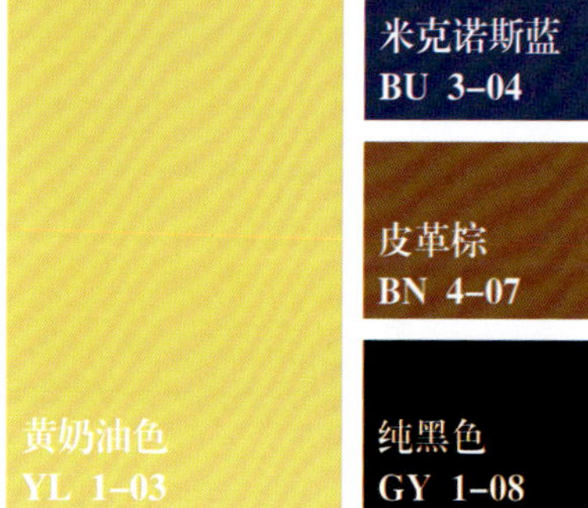

亮白色
GY 1-01

米克诺斯蓝
BU 3-04

皮革棕
BN 4-07

黄奶油色
YL 1-03

纯黑色
GY 1-08

The Little Prince
小王子

小王子穿着绿色的衬衫，居住在一颗小小的蓝色星球上，照料着他心爱的粉红色的玫瑰花。玫瑰是最初的渴望，而偶然遇见的小狐狸却道出了爱的真谛。从此，那金黄色的麦浪，那满天的繁星都有了比它本身更加特别的意义。

解析：*毛茛花黄和亮白色交错编织的方格壁纸从墙壁向上延伸，覆盖了整个天花板，卡通风格的布艺床搭配绿长石色的床垫和趣味十足的毯子，童心满满。海蓝色的地毯与踢脚线颜色一致，与壁纸一起将房间牢牢包裹，玫瑰红色的床头柜与树梢绿宝塔灯互相映衬，与背景对比鲜明。*

毛茛花黄
YL 1–04

亮白色
GY 1–01

绿长石色
GN 3–02

海蓝色
BU 4–01

玫瑰红
RD 4–01

Maize

Kikujiro's summer

菊次郎的夏天

燥热又沉闷的夏天，被阳光烤成金黄色的荷叶，空旷的公路，松软的沙滩，和菊次郎一起，护送一个小男孩回到母亲身边。这旅程短暂却温馨，无言的浪漫写在长满青草的沙地上，纪念着一个限量版的夏天。

解析：*轻薄的玉米黄色格纹无衬窗帘提取了壁纸的色彩，百灵鸟色的竹拼天花板细腻而富有自然气息，同心圆地毯以斑斓的色彩划定了用餐区域，灰褐色石灰橡木餐桌椅来自古董画廊，为空间增添了历史感。角落的橱柜上摆放着树梢绿的杯碗以及绿白相间的盘子，让人眼前一亮。*

玉米黄
YL 2-05

百灵鸟色
BN 2-01

灰褐色
BN 2-07

亮白色
GY 1-01

树梢绿
GN 5-05

Elephant Wandering in the Rape Field

大象漫步油菜花田

粗糙的棕色皮肤，坚硬不知疲倦的脚掌，它行走在褐色的土地上，穿过荒漠、草原，嗅着芳草和绿树的气息。大象的安详，是在遍地金灿灿油菜花田中漫步，融化在金色的阳光中。生命的隐忍和金色的绽放形成强烈对比。

解析：*这个空间尽管色彩招摇，但仍然是一个安静的隐居处。帝国黄墙面渲染了一种热烈而温馨的氛围，玳瑁色的地毯、亮白色的石膏线、落地灯、亚麻布长椅等装饰打破了黄色的垄断，让空间更为放松和闲适。经典绿和热粉红色的点缀相映成趣，并与墙壁形成了鲜明的对比。有趣的大象花园凳子可以兼作鸡尾酒桌，并提供额外的座位。*

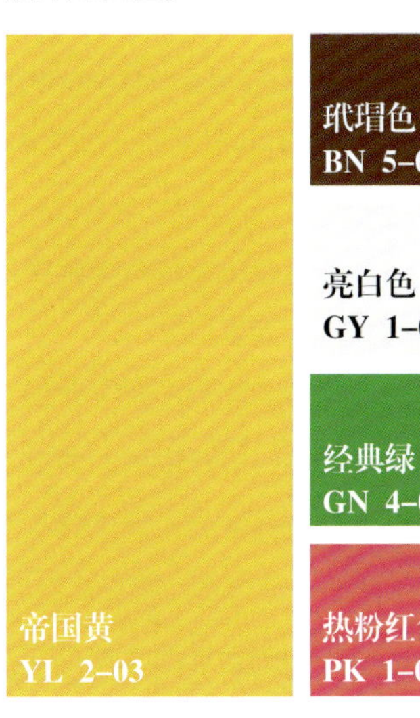

玳瑁色
BN 5-02

亮白色
GY 1-01

经典绿
GN 4-03

热粉红色
PK 1-05

Spring Dawn at Green Path

翠堤春晓

烟雨四月，漫步湖东沙堤，春水初涨，水面与堤岸齐平，空中舒卷的白云和湖面荡漾的波澜连成一片，绿杨荫里，平坦而修长的白沙堤静卧碧波之中。百花含苞待放，东一团，西一簇，与浅浅的青草地相映成趣。黄莺立枝而歌，婉转清亮，燕子穿花贴水，衔泥筑巢。置身其间，饱览湖光山色之美，心旷而神怡。

解析：*温柔的奶油色营造出朦胧而清新的春日氛围，杜松子绿的纯色窗帘和漆成亮面的门框就如河堤的垂柳，为这间通风透亮的起居室带来盎然生机。山杨黄的印花布料覆盖在经典美式沙发上，显得端庄辉煌，栗色的木制家具大气而富有深度，两个热粉红色的裙褶台灯融入了传统中式山水画元素，像是春日最甜美的预告。*

杜松子绿
GN 4-05
山杨黄
YL 3-02
栗色
BN 5-05
奶油色
YL 3-01
热粉红色
PK 1-05

The Song of Cicadas
蝉时雨

燥热的夏天，风和时间似乎都停止了摆动，被阳光熏烤的空气变成暖暖的黄色，散发着温热。蝉附身于树叶中，发出悠长而洪亮的鸣叫，汇聚成阵雨一般的声音，如沉浮于海面的蓝色波涛一般，闯入午睡者的梦中。在那似醒非醒的间隔，淡蓝色的帆点缀着奶油色的天空，体验一场短暂无声的海上之旅。

解析：*奶油色的墙面壁纸让客厅看上去温暖而干燥，就像春夏之交。漆成亮白色的天花板为原本宁静的空间增添了动感。浅灰蓝的沙发中和了温度，靠窗的用餐角落，黏土色的编织椅提供了舒适的额外座位，在沙发背靠着的边桌上，两个深牛仔蓝的裙摆灯显得精致又休闲，成为吸睛的焦点。*

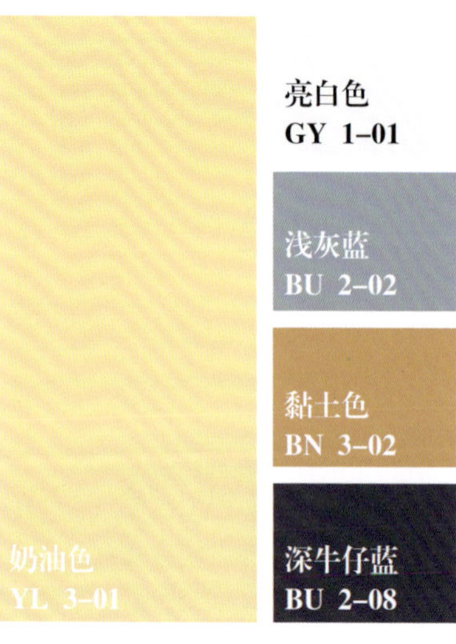

Golden Vienna
金色维也纳

勃拉姆斯说："在维也纳散步时千万要小心，别踩着地上的音符。"这个美丽而闲散的城市就像一首金色的诗歌，其中充满了浪漫的灵魂和艺术的圣徒，迈着轻盈优雅的步伐，踩在诗篇的字里行间，于是，动听的音乐声随之跃出，洒落在碧绿的草地上和金黄的花朵中间。

解析：*含羞草花黄的壁纸从墙面一直延伸到天花板，营造出灿烂而温润的质感。壁炉旁，磨光的大理石雕塑与光滑的蜂蜜色漆面形成鲜明对比，壁炉上方的现代镜子拥有俏皮的外观。闪烁元素的概念贯穿整个空间，从枝形吊灯到靠包上的珠子和亮片。弧形长沙发由蜂蜜色天鹅绒覆盖，与一对19世纪的椅子相对，以突出其优美的曲线。米褐色的地毯连接着椅子与窗帘，与空间中的亮白色一起，起到为空间烘托气氛的作用。*

Mimosa

蜂蜜色
YL 3-06

米褐色
BN 3-01

亮白色
GY 1-01

纯黑色
GY 1-08

含羞草花黄
YL 3-04

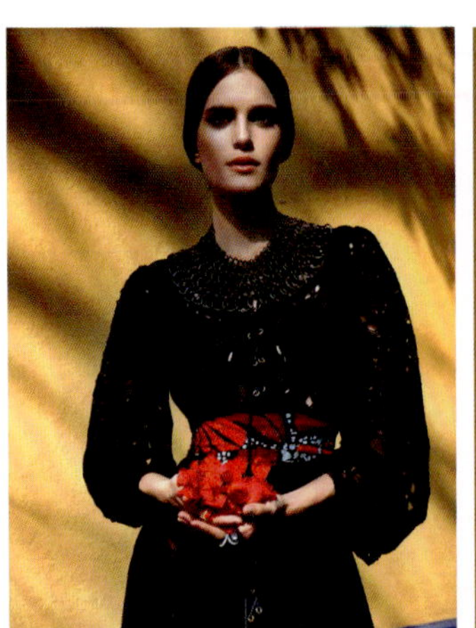

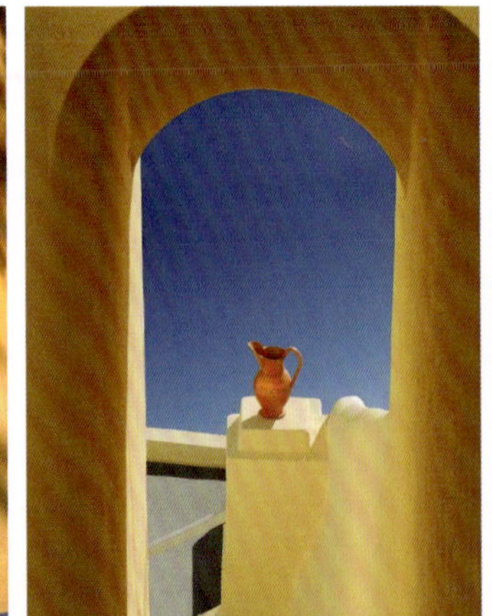

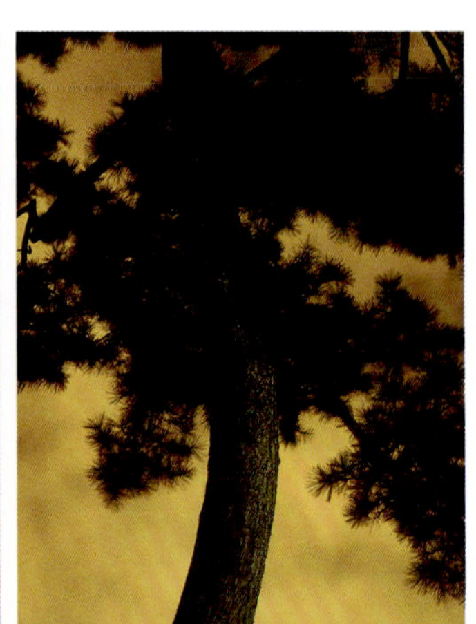

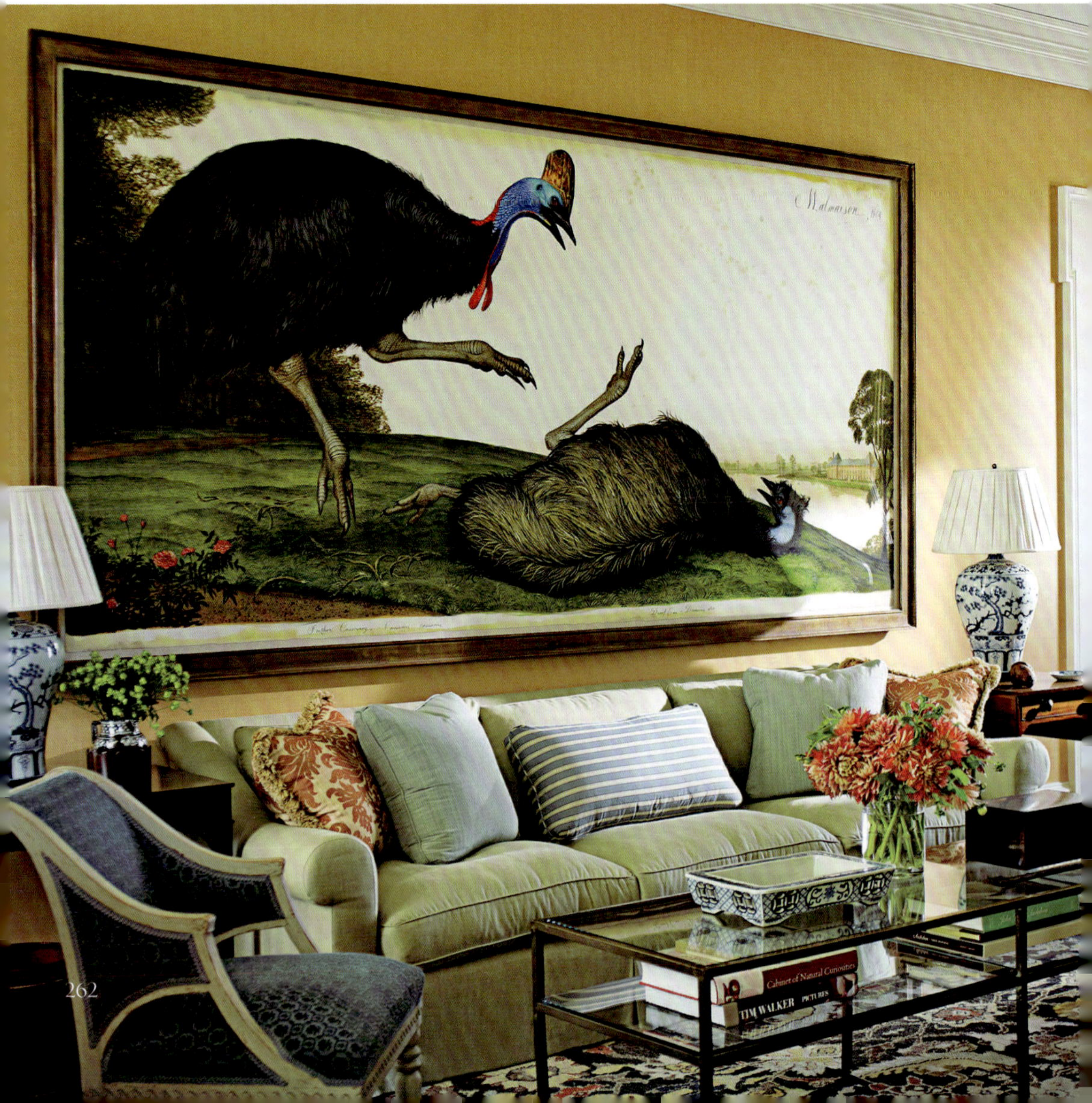
Cabinet of Natural Curiosities
TIM WALKER PICTURES

Under the Tuscan Sun
托斯卡纳艳阳下

意大利的托斯卡纳，人间最接近天堂的地方。金黄色的山间小城，在清澈的蓝天和飘浮的白云下缓缓醒来，绿色的百叶窗之外，田园诗般的生活被杜鹃的叫声渲染出热情。漫步在山道小径，看成片铺开的橄榄树林和葡萄园伫立在微风中，这原始本真的画卷汇流成一种多姿而宁静的色彩旋律。

解析：*含羞草花黄的墙面和亮白色天花板温暖而简约。巨幅装饰画作为空间焦点，其用色启发了家具和装饰。靠墙的垂柳绿长沙发用靠包装饰，勿忘我蓝的窗帘镶有金色流苏花边。星海色的波斯风格地毯是一个华丽的收尾。*

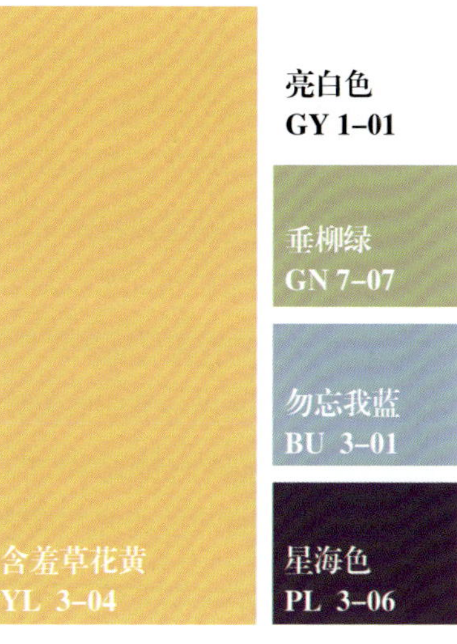

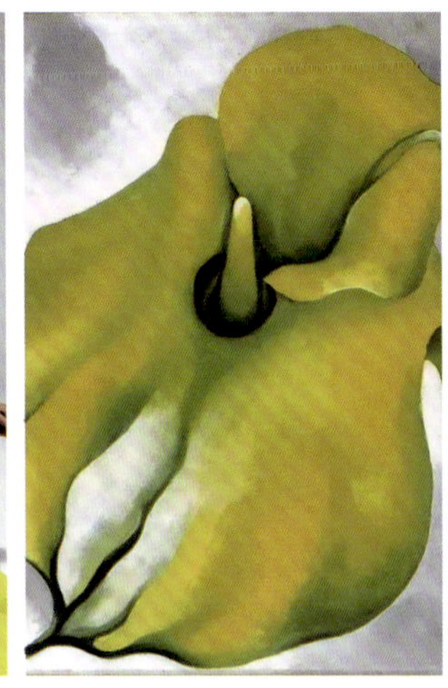

The Catcher in the Rye
麦田里的守望者

守望麦田是一个纯净而美好的愿望，当安静的色彩映照着暖暖的太阳，白白的云朵时而缠绕时而堆积，金发的少女拉着红色的手风琴，灿烂如午后阳光的裙摆与安详的微笑一同在风中飘荡，如梦幻般美好，也如梦境般遥远。

解析：*在这间客厅中，每一寸空间都被充分利用，亮白色的墙面被巨大的镜子、醒目的挂画所修饰，雕花边桌和精心设计的壁炉显示出装饰品位的一丝不苟。朴实的田园风格和精致的法式古典家具在此相遇，藤编的花边椅和吊灯分别在色彩上呼应窗帘与鹧鸪色的天鹅绒茶几，形成色调的闭环流动。橘红色条纹靠包带有调皮的小丑风格，与壁炉上致敬原始艺术的赭黄色装饰画相映成趣。定制的书架使用富有古典意味的绿长石色的衬里，创造出戏剧性效果。*

Ochre

绿长石色
GN 3-02

赭黄色
YL 3-05

鹧鸪色
BN 4-08

橘红色
RD 1-03

亮白色
GY 1-01

Early Autumn
夏末秋初

夏末秋初，阳光褪去了热烈，洒在连绵的山坡上，散发出干草的香气，渲染收获的快乐。蔚蓝的海水冲刷出细腻的沙砾，把曾经的欢歌笑语扫平，埋在浅海的缝隙里；遗落的五彩珠贝静静地躺在角落，长椅和遮阳伞，珊瑚石和青柠，定格在夏天的记忆里，装饰着初秋的四壁。

解析：*阳光色的背景温暖而平和，太妃糖色的剑麻地毯带来质朴的田园气息。海蓝色的印花布艺承包了窗帘、床以及单人扶手椅的装饰，带来连续一致的和谐感；柑橘色的床品与蓝光色的靠包以及灯罩相互映衬，柔和又生动；床头桌采用纤细的竹制品，就像夏秋之交的感觉。*

阳光色
YL 4-01

太妃糖色
BN 2-06

海蓝色
BU 4-01

柑橘色
OG 2-03

蓝光色
BU 5-03

Deauville Showcase
多维尔橱窗

夏日的浪花击打着岩石，为临海的小城带来湿润的空气和远方的游客。浪漫而随性的法式格调混合在酒水的香气里，渲染着热闹的街道。多维尔就像一个传送门，透过帘幕绕成的橱窗，像拨开细密的雨丝，窥探到那些自在欢快的田野香颂。

解析：*亮白色与阳光色的背景在这间卧室中铺展出新古典主义的浪漫情愫，精心制作的天顶融合了紫色、酒红和抹茶色的笔触，这是对多种绘画艺术风格的简练概括。金色的丝绸窗帘在浅色背景的衬托下显得蓬松而突出，床品、软垫和古董地毯使用了温暖的棉花糖色，这种中性色彩与深色的桃花心木家具相得益彰。角落的梳妆台上，巨大的绿叶装饰着青花瓷花瓶，为古典空间注入鲜活的生机。*

Sunlight

阳光色
YL 4-01

金色
YL 4-03

棉花糖色
GY 2-01

抹茶色
GN 5-03

亮白色
GY 1-01

GREEN *System*

绿色系

春风吹皱一池碧波，搅乱垂柳的倒影，鲜绿的音符荡漾开去，乘着微风，划过寂静的柳林，飞过披满青松的山峦，一直落入幽深的森林深处。从轻吟浅唱的灰绿到清凉微醺的薄荷绿，从晶莹剔透的祖母绿到深沉浓郁的墨绿色，这种摇曳于山川溪流间的色彩展现着生命的活力，它装点着熙熙攘攘的自然世界，也悄悄地孕育着崭新的室内家园。跟着绿色一起，倾听每一片树叶的呼吸，坠入缥缈繁盛的山水丛林间。

配色应用

Color Matching Application

很难找到比绿色更令人振奋却又舒适的颜色，它由暖黄色和冷蓝色混合形成，位于光谱的中间。绿色代表的主要品质是沉着，就像春天到来时萌生出的绿色植物一样，它对心灵有镇定作用，同时使人充满乐观情绪，精神焕发。

我们在室内可以以不同的方式使用绿色。在狭窄的黑暗走廊上用经典绿粉刷墙壁，这样会使它更轻巧，也可以在窗户上悬挂半透明的窗帘，上面印上郁郁葱葱的植物图案的印花，然后夏天将永远停留在你的房间里。

绿色非常适合客厅的内部装饰。对于起居室的墙壁，淡绿色或橄榄色是合适的。它是自信和沉稳的色彩，是经典内饰的理想选择，天然木制家具在其背景下看起来会很棒。浅绿色是厨房和餐厅的理想选择，结合新鲜绿色，可以增强食欲。如果你不是厨房内部使用绿色的支持者，那你可在桌子上放上亮绿色和透明绿色玻璃的盘子。在浴室的内部，凉爽的绿色将是不错的选择，浅绿色和祖母绿，它们不仅会为这个白色王国增添个性，还会唤醒海洋的回忆，祖母绿可以巧妙地与黑色和金色相结合。

常用绿色

推荐搭配思路

——营造充满现代时尚感的空间，最方便的就是使用黑白灰的基础色，其百搭特性，让你在使用其他颜色的时候不用担心无法搭配。祖母绿与嫩黄色这组邻近色的搭配，明亮而新鲜，在中性色的空间中很容易吸引眼球。它们的时尚特性非常适合用于布艺和家居色彩上，比如嫩黄色窗帘，搭配高光的祖母绿现代家具，那种优雅的时尚感扑面而来。

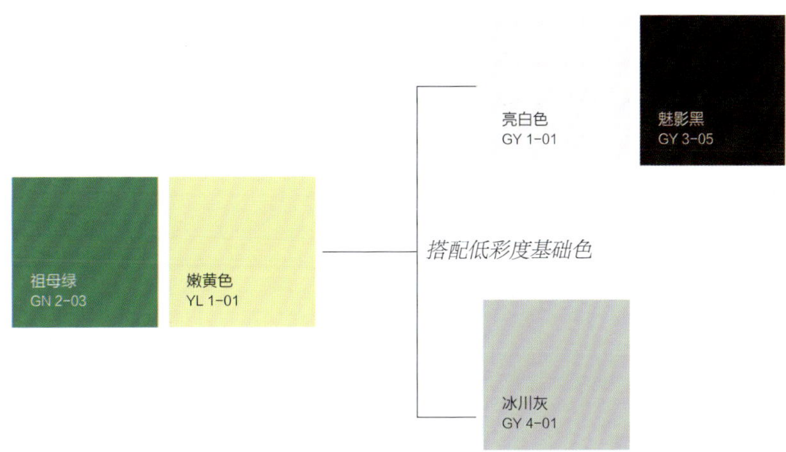

——绿色和白色的组合非常完美。墙壁也可以涂成橄榄绿，这种颜色给人以安全感。而亮白色多用于布艺装饰，带来安静素雅的感觉。如果搭配普罗旺斯风格的家具，辅以白色的木制和柳条家具，以及在白色或者灰色背景上带有小花纹的纺织品，将会带来乡间生活的感觉。祖母绿色也可以作为背景色，搭配相似饱和度的火焰红，这样的背景会显得非常华美。

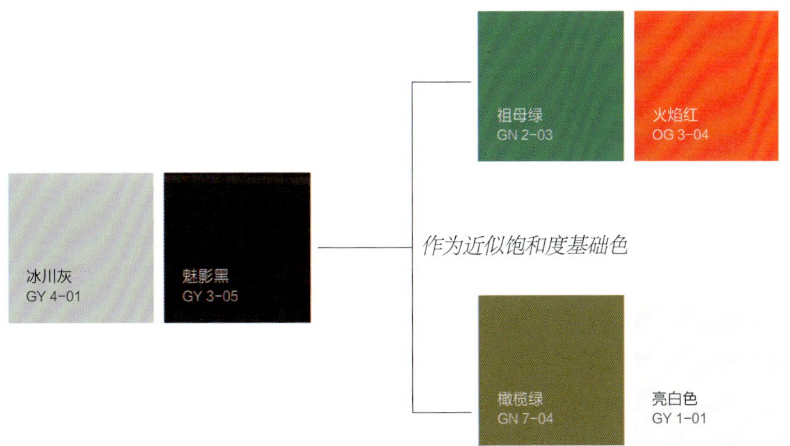

Hightingales Sing in the Venice
夜莺声中的威尼斯

威尼斯，一座浪漫的水城，沿河鳞次栉比的建筑，在夜晚的夜莺声中回忆着过往。白色外墙，艳丽的鲜花，仿佛回到文艺复兴时代。高跟鞋踩在青石板上的声音铿锵有力，像是一出舞台剧的序曲，仿佛莎翁的戏剧即将上演。

解析：*热闹的手绘壁画穿插在万年青色的背景框架中，勿忘我蓝的天花板掺杂着浮云的白，烤杏仁色地毯上摆放着深色的木质餐桌椅，餐椅用花蕾红的软垫装饰，使整体呈现出古典的温润。蜂蜜色的金属莲花吊灯从天花板上垂下，尽显装饰主义的华丽。*

万年青色
GN 1-07

勿忘我蓝
BU 3-01

烤杏仁色
BN 4-04

花蕾红
RD 4-02

蜂蜜色
YL 3-06

Unknown Girl of Seine
塞纳河畔的无名少女

少女的笑靥在清冷的修道院窗前绽放，如点缀黎明时刻的橘色薄云，雕刻家把这朵云引到了人间。然而，俗世的手笔无法复刻天堂的礼赠，少女的微笑凋谢在塞纳河冰冷的绿色水波中，在如梦似幻的巴黎清晨荡漾不止。

解析：*鸟蛋绿清新的色彩为这间卧室奠定了浪漫的法式基调，墙与天花板之间采用简单的亮白色石膏造型来过渡，营造出自由呼吸的空间。月光色拼接地板的天然纹理带来时光流逝的放松优雅感，柑橘色的床幔由银色的王冠造型固定在墙上，彰显出古典的精致，床上一条镉橘黄毛毯完成了微妙的色彩分层。*

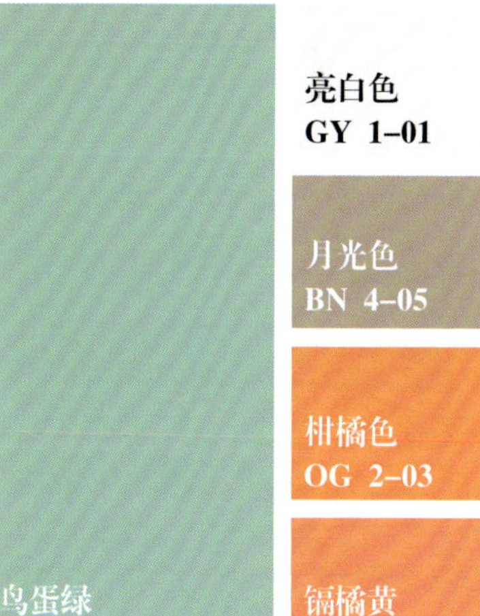
亮白色
GY 1-01
月光色
BN 4-05
柑橘色
OG 2-03
鸟蛋绿
GN 2-01
镉橘黄
OG 3-02

A Mare's Nest
镜花水月

一个是阆苑仙葩，一个是美玉无瑕，一个是水中月，一个是镜中花。碧水中明月随波而动，镜中花不知凋零，如宝黛之恋，纵是花落人去两不知，缠绵悱恻的故事却随着时光的波涛逐流，绵绵情意细水长流，在更迭的时代中找到新的答案和归宿，缱绻不休。

解析：*水润感，是薄荷绿墙漆营造的氛围。花蕾红的沙发与靠窗的古董椅在色彩上遥相呼应，海蓝色的印花窗帘以及部分图案运用自如，简约雅致的配色，既烘托了环境所需的热闹气氛，也不失装饰该有的稳重之感。纯黑色与古金色作为配件在空间中交替出现，带出了轻奢的气氛。*

薄荷绿
GN 2-02
花蕾红
RD 4-02
海蓝色
BU 4-01
纯黑色
GY 1-08
古金色
YL 2-06

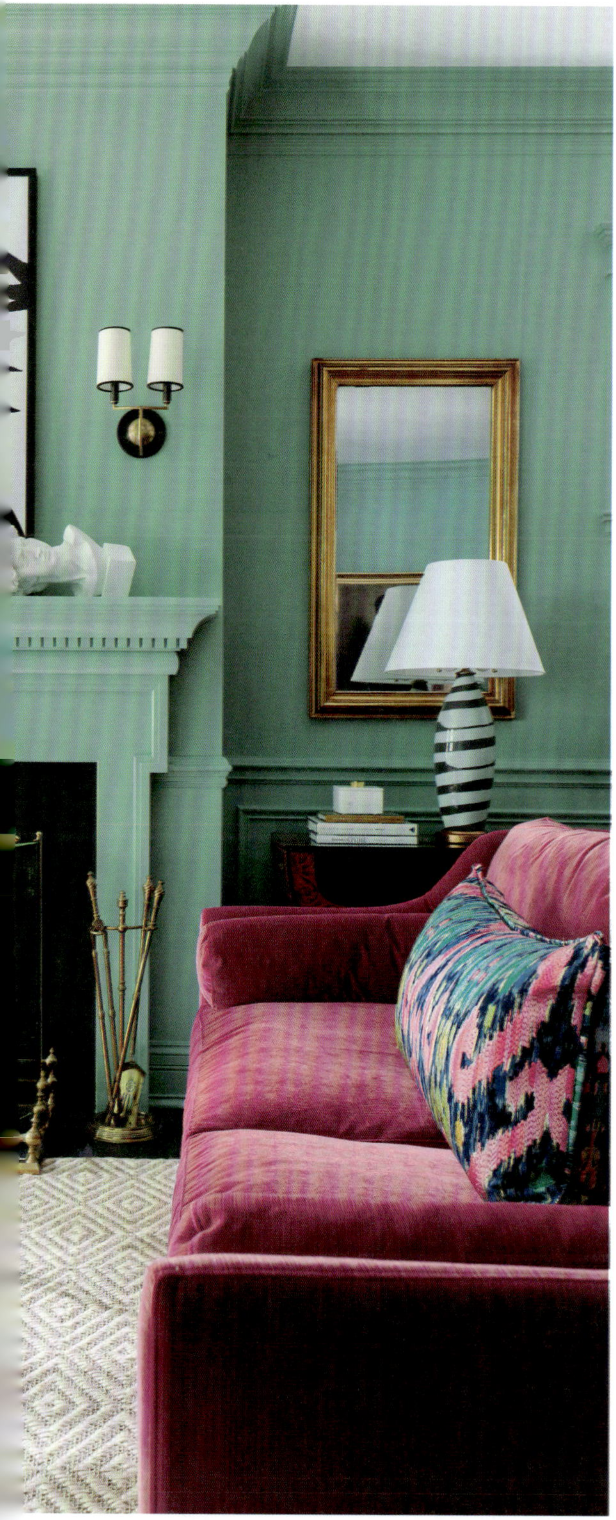

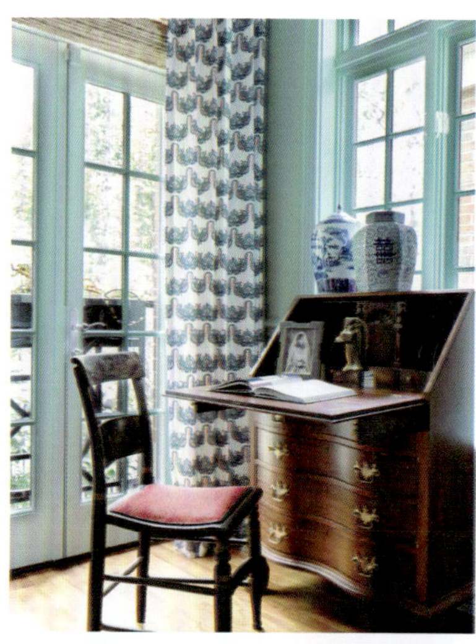

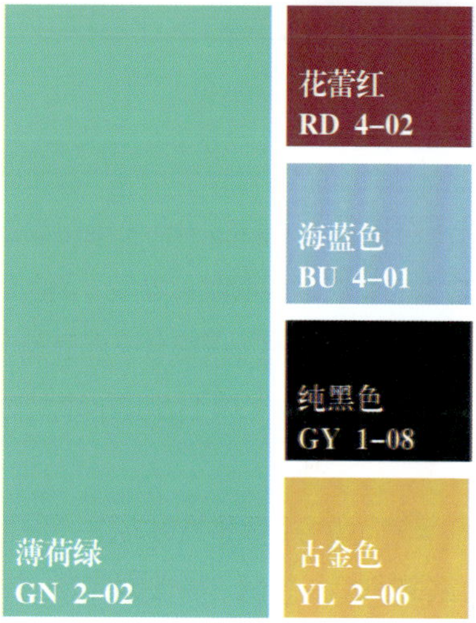

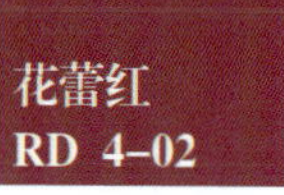

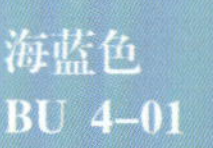

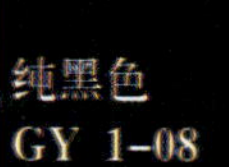

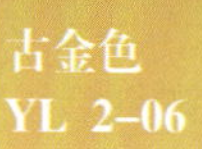

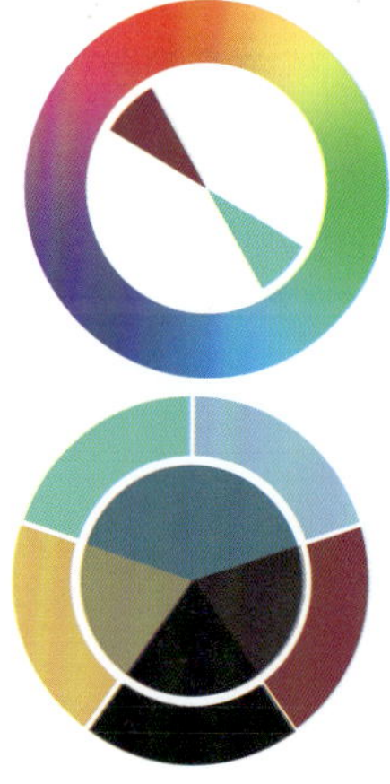

Peacock Forest
孔雀森林

拖着盛大婚羽的孔雀，就像是来自异世界的精灵，在茂密的森林中，傍水而居，融入繁盛的树丛中，在月光的陪伴下入眠，在朝阳的辉映下起舞，开出绚烂的屏风祭奠今世的永恒。在阴暗潮湿的世界里，演绎着遗世独立的优雅。

解析：*祖母绿的孔雀壁纸打造了一个温柔绮丽的梦境世界。靠墙的深灰色长沙发与定制纯黑色亚光一体书桌遵循低调流畅的现代风格，淡金色的天鹅绒茶几与驼色皮质单人椅增添了奢华观感，维多利亚蓝的条纹地毯就像一只小船，它承载的是一种现代和折中的生活方式。*

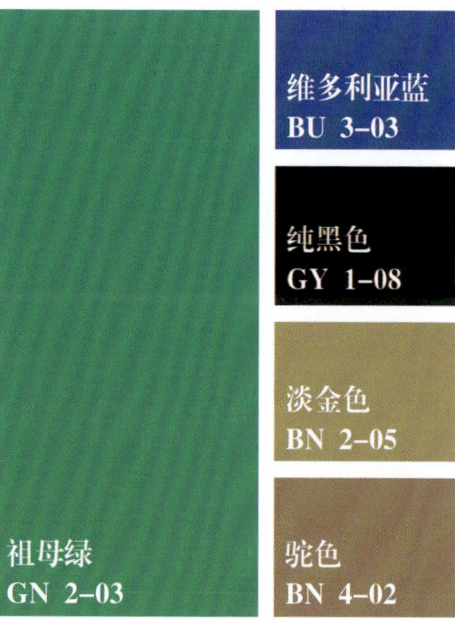

Charlotte's Web
夏洛的网

纯净的友谊就像一张亮晶晶的网，清透的纹路里装载着绿树翠叶的光芒。它超越诸多束缚，让满怀期待和友爱的目光得以窥见天堂的模样。蜘蛛夏洛纯真、努力，不计得失、不问后果，它用信念和勇气编织的奇迹之网，挽救了它的小猪朋友，这迷人的故事散发着一种轻盈又沉重的气息，让生命的价值不断延续。

解析：*明亮的绿长石色墙漆在这个空间营造了一种童话森林般的氛围，古典风格的线角造型带来了繁复精致的感觉，通透的布局加入亮白色的瓷砖、大理石以及吊灯等家具装饰，使空间更为清澈和纯粹。赭黄色的金属装饰与晶亮的背景交相辉映，印花沙发和靠包上点缀着饱满的甜菜根色。吧台上，三个湖水绿圆形雕塑使空间更具有派对氛围。*

Amazon

绿长石色
GN 3-02

亮白色
GY 1-01

甜菜根色
PK 2-03

赭黄色
YL 3-05

湖水绿
GN 1-02

The Palace of Circe
喀耳刻的宫殿

喀耳刻是希腊神话中的女神，她发辫秀美，气质出众，在自己被各种药草包围的宫殿中，编织着一件硕大的织物，唱着甜美动听的歌曲。歌声回转在此间每一个角落，诱惑着疲惫和好奇的旅人，让他们不自觉就踏入这幽深的、被魔力笼罩的富丽之境，成为这位女神的俘虏。

解析：*光滑的墨绿色笼罩着整个空间，葱郁的色调与几乎占据了一面墙的宽大窗户形成了平衡。杏仁色的天鹅绒靠包和皮椅补充了深绿色的墙壁，亮白色长沙发衔接窗外的光景。一幅引人注目的《神奇女侠》画作是这个房间的焦点。经典而新鲜的配饰用来展现个性，比如纯黑色的雕花圆凳上几何形状的布料，古金色的点缀散布在空间各个角落，让设计保持奢华。*

Hunter Green

墨绿色
GN 3–03

亮白色
GY 1–01

杏仁色
BN 3–05

纯黑色
GY 1–08

古金色
YL 2–06

Smoke and Mirrors
烟与镜

镜子是件奇妙的东西，它能吐露真言，把生活原原本本地反映给我们，同时也能瞒天过海。在烟与镜之间，隐藏着一个全新的生命，等待着成为某人的戎装，一起经历全新的体验。

解析：*《烟与镜》是对性感浴室的时尚诠释。这个空间摆脱了现代主义的高冷和简约，以一种奢华的态度拥抱孤独。房间设有一个宏伟的罗甘莓色爪足浴缸，一个定制的酒吧间和梳妆台，纯黑色的金属配件和蜂蜜色的衬里高贵而优雅。墨绿色的墙壁和丰富的石材细节精致旖旎。拥有略带冰感的蒸汽灰底色，成为空间的主角。体贴入微的细节和奢华的层次带来了终极体验。*

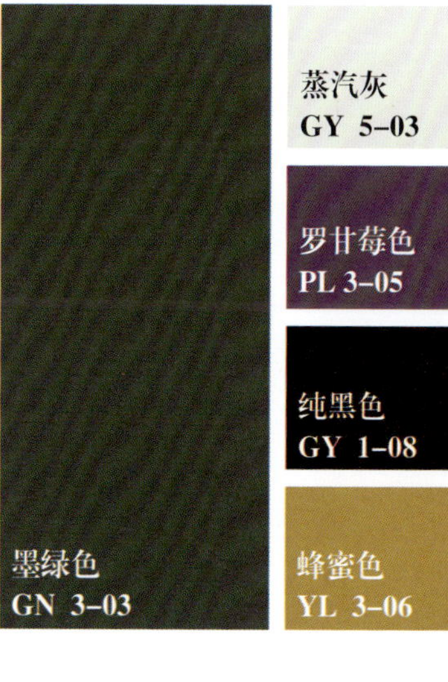

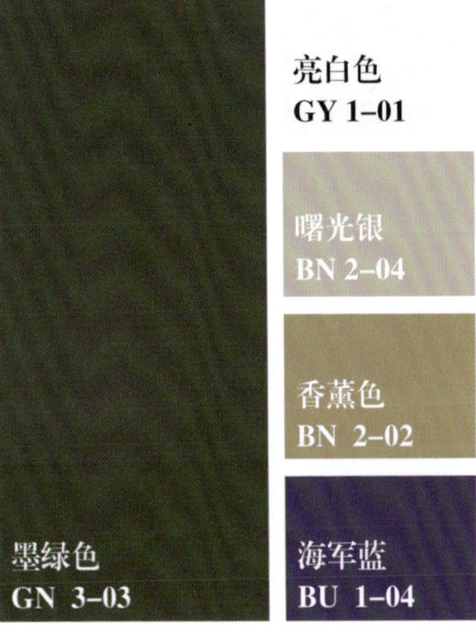
亮白色
GY 1–01
曙光银
BN 2–04
香薰色
BN 2–02
墨绿色
GN 3–03
海军蓝
BU 1–04

Deep Forest
深水幽林

会心处不必在远，身居闹市，却仍然痴情于远方，向往那一片深水幽林，云舒云卷。深邃而均匀的色彩模拟着不可及的幽林气息，包覆的柔软触感淡化了野生的芜杂，溶解成近在咫尺的深水之家。寄身于此，滑入时间的褶皱，在无边的思绪中享受隐于市的平静。

解析：*墨绿色的壁纸仿佛将房间搬到了密林深处，亮白色的床品迎接阳光，打破了密林的垄断，曙光银的格子地毯就像月光洒在草地上，为空间增添了柔软的触感，蓝色的渐变天花板锁定了神秘的气质，甲壳虫一般的绿宝石吊灯似乎在把这里变成一个私人演播室。香薰色的衣柜模拟了树干的理想颜色，海军蓝的足球沙发也出现在窗边的地球仪旁，可以将它当作舒适的座椅。*

Cool Breeze Blows 轻轻流过的夏风

夏风没有形状，却有着饱满的热情和无尽的活力，它像是大地女神的使者，踏着轻薄的云彩从遥远的天际滑翔而来，唤醒了慵懒的草地，催促树木伸展出繁盛的枝叶，阻挡骄阳的热烈。春日纷飞的花朵收起了娇羞的笑颜，将颜色留给在热风中起舞的向日葵，树梢之上，蝉鸣不止，控诉着酷暑和燥热，夏风莞尔，继续它无拘无束的旅程。

解析：*从春草绿的壁纸到草绿色的窗帘框，再到万年青色的天鹅绒沙发，几种绿色分工明确，在空间中层层递进，创造出富有生命力的宁静感。花草壁纸似乎是从天花板上顺势爬下来。一块浅绿色镶边地毯承接了所有内饰，但你甚至不会感觉到它的存在。亮白色的踢脚线和木门，衬托着绿色的生机勃发，巧克力棕的墙饰带来古典气息。*

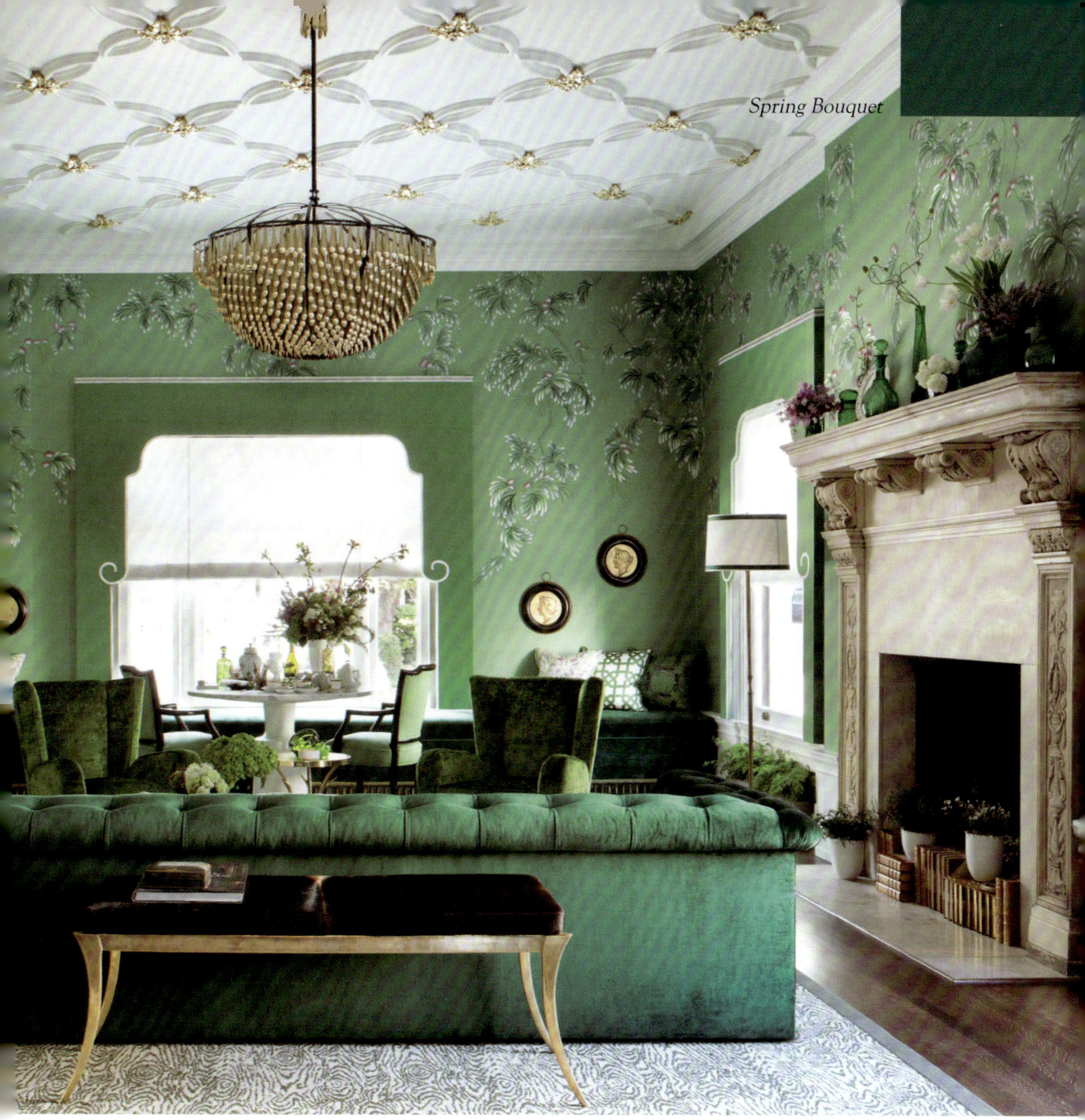
Spring Bouquet

亮白色
GY 1-01

草绿色
GN 5-02

万年青色
GN 1-07

春草绿
GN 4-01

巧克力棕
BN 4-09

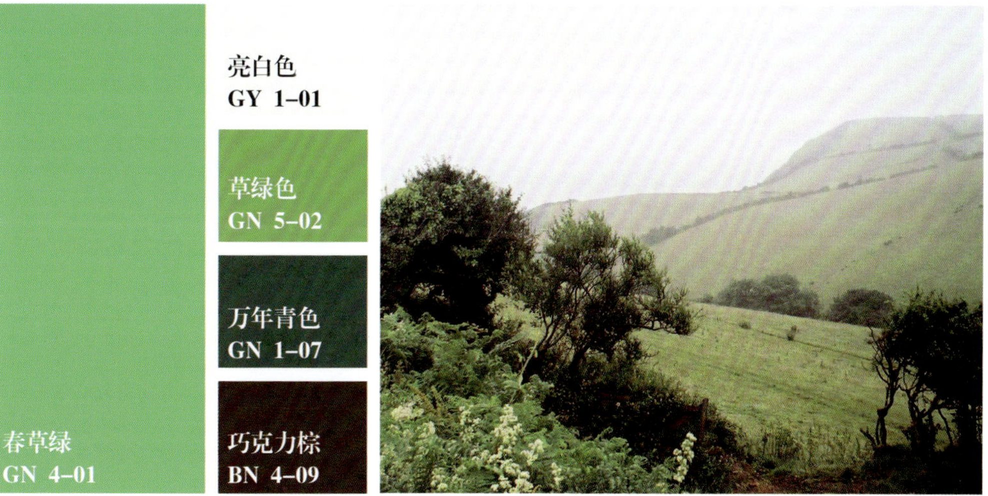

Kelly Green

Rain in the Empty Mountain

空山新雨

初秋的傍晚，一场新雨洗涤了空旷的群山。阳光洒落在树林中，洁净如初生的碧叶郁郁葱葱，仍然徜徉在盛夏的梦中。山涧中的清泉自墨绿的石头上流下来，满地的枫叶扫过迟开的野花，随着泉水漂流。

解析：*凯利绿的墙漆从天花板一直延伸到木质的橱柜和门，婴儿蓝的瓷砖和背景墙被囊括其中，豹纹地毯上维多利亚蓝的双人沙发与一个玫瑰红的软垫茶几就像两个耀目的色块，与后方餐厅区的爱马仕橙餐椅形成对比。*

凯利绿
GN 4-02

婴儿蓝
BU 2-01

爱马仕橙
OG 2-01

维多利亚蓝
BU 3-03

玫瑰红
RD 4-01

The Disappearing Butterfly
时光里消失的蝴蝶

柳树林里，满眼繁星，路灯与蝴蝶，伴随着童年时光中，金龟子和玻璃瓶闪着翠绿色的光芒。手电筒投射的影子如此美妙，连接过去与未来的小路铺满了五颜六色的碎石子，迈着轻快的步伐，随着蝴蝶一起，走入时光深处。

解析：*光滑的凯利绿墙面与维多利亚蓝布艺相互映衬，金色的绒面印花地毯为空间增添了精致而古典的温暖。餐椅的银色配件和钢化玻璃餐桌表现现代生活的功能性和简洁性，餐桌上方，一个藤编的造型吊灯与热粉红色的插花相互映衬，充满了时髦而精致的田园风味。*

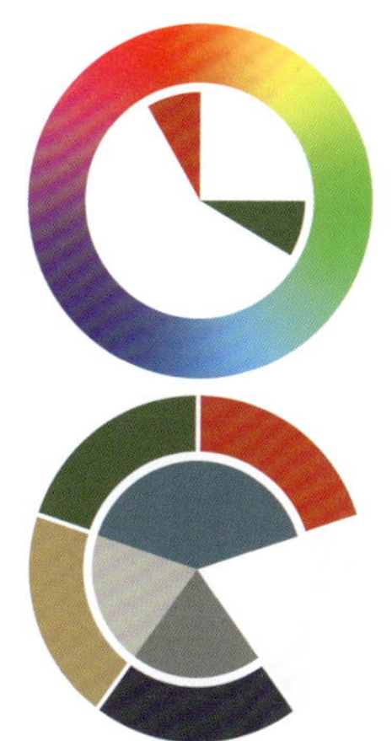

Magic Tour of the Shepherd Boy
牧羊少年的奇幻之旅

在被不切实际的幻想填充的少年时光，很多人都有过如此的渴望，背起行囊，逃离干燥的大陆，去到幽深的森林，就如卖掉羊群的牧羊少年，执着地追寻着梦中的宝藏。沙漠、海洋还有炼金术师，都被编织进绵长的荆棘花丛中，成为少年梦想的见证。

解析：*在这间为两个孩子准备的卧室中，杜松子绿的墙漆营造了幽深的森林氛围。亮白色打开了空间，淡金色的麻编床头板引入原始自然氛围，床头柜为活动区留出了更多空间，深牛仔蓝镶边和橘红色装饰画画框打破了白色的单调，床头板上方麋鹿的石膏头像增添了狩猎气息。*

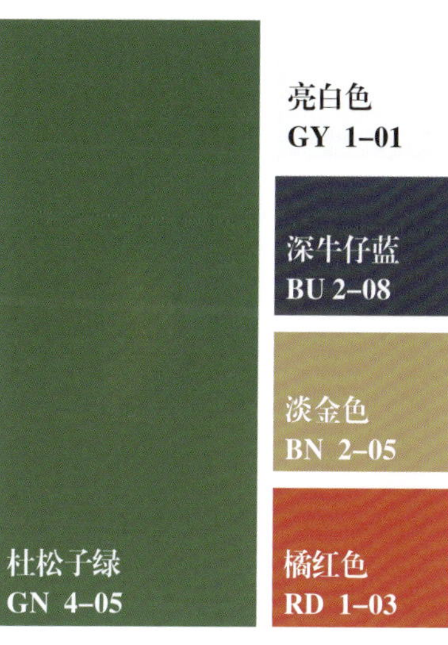

亮白色
GY 1-01

暗粉色
PK 4-03

纯黑色
GY 1-08

灰绿色
GN 5-04

赭黄色
YL 3-05

Flower Gallery
花田长廊

落了一夜雨后的薄明，晨曦微露，万物含苞待放。微风轻拂树叶，追忆昨夜的温情。粉色的雨靴踏过柔软的湿土地，走上长满青苔的长廊，翠绿的藤蔓环绕着古老的大理石建筑，明媚多情的娇小花朵在枝头盛开，在蜻蜓的舞蹈和田蛙的鸣叫中，唱一首静默的歌。

解析：*以英国乡村风格为灵感，灰绿色壁纸为空间带来十足的浪漫气息，亮白色的床品对比纯黑色的纤细四柱床，搭配一条暗粉色的流苏边毛毯，显示出女性独有的刚柔并济的唯美气质。赭黄色的木质家具为空间增添了天然的温暖触感。*

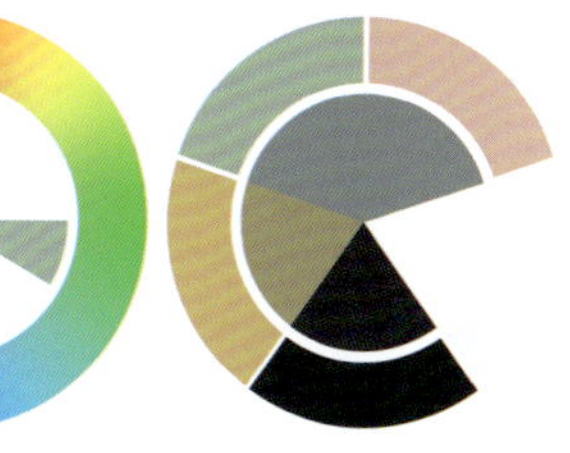

Wordless Muse
无言的缪斯

灵感女神常常沉默不语，端坐云间，俯视大地。她的指引是无声的微笑，化作微风，挑动着雕刻家的手笔；诗人的世界宽敞、空旷，与世隔绝，在荒凉的世界中雕琢的诗句却闪耀着温柔的光芒，流经缪斯的手掌。

解析：*陡峭倾斜的屋顶通过添加有图案的灰绿色和亮白色嵌板变得更加生动，就像挂在墙上的帷幔一样，也让人感觉更加温馨和淡泊。月光色的木质家具配件搭配勿忘我蓝的格纹布艺，更显得清幽、宁静。柔软的织物散落各处，窗前的一张书桌和一把椅子打造了一个完美的观景角落，书桌上摆放着米克诺斯蓝的青花瓷器，增添了点滴的异国风情。*

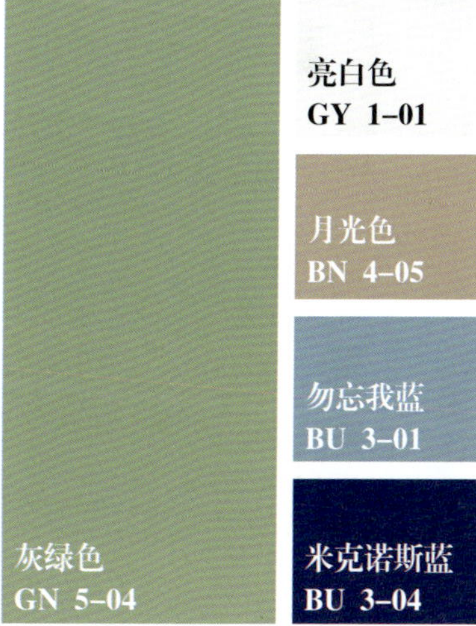
亮白色
GY 1-01
月光色
BN 4-05
勿忘我蓝
BU 3-01
灰绿色
GN 5-04
米克诺斯蓝
BU 3-04

Pans Labyrinth
潘神的迷宫

希腊神话中的潘神迷宫，在森林的深处，在崎岖的林地间。这里有茂密的植物，盛开的花朵，逍遥的田园乐曲。这世外桃源的景色，让人误入其中，幽暗与波折，暗藏在这绿色的世界中。当自然的美景与生命的冒险一起袭来的时候，这种纠结的情绪凝聚成一块经典的配色，让人印象深刻。

解析：*树梢绿纯净而微涩，被这种绿色包裹着，就像一幅吸饱了光的油画，亮白色的天花板和纯黑色的地板对比鲜明，黑白相间的织物是对这种对比的调和。洛可可红是一种宁静而热情的点缀。在壁炉上方，帝国黄色的装饰画为空间带来了温暖的阳光的味道。*

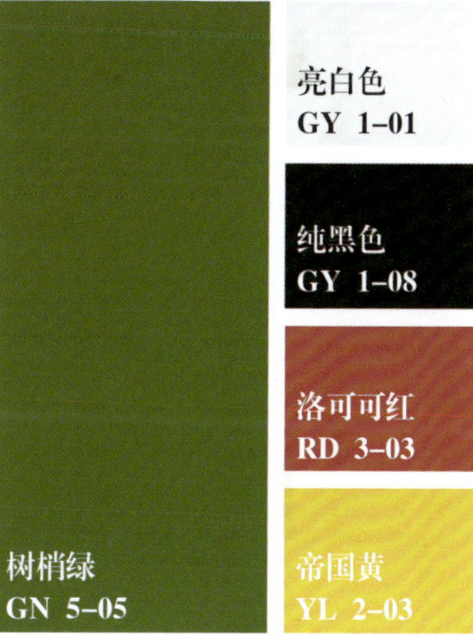
亮白色
GY 1-01
纯黑色
GY 1-08
洛可可红
RD 3-03
帝国黄
YL 2-03
树梢绿
GN 5-05

Calendula of Summer
金盏花之夏

富丽堂皇，艳丽无俦的金盏花，盛开在炎炎夏日，就像消融的阳光，滴落在柔软的草丛中。热情的花朵、亮丽的叶子给喧嚣的城市带来清新与宁谧。在梦醒的午后，啜饮一杯甘甜中带有一丝丝苦味的金盏花茶，驱走炎炎夏季中的燥热，让梦境在微涩的茶水中延续。

解析：*光滑的雪松绿漆面将墙壁浸透在郁郁葱葱的青苔色调中。鲜艳的小苍兰黄罗马窗帘就如金盏花的花朵，散发活力与馨香。覆盖着簇绒印花面料的扶手椅放置在远角处，与床品呼应。两个貂皮色的古董床头柜和米褐色的黄麻地毯完善了这个优雅的避风港。玫瑰、牡丹和兰花与亚洲花瓶相映成趣。爱马仕橙的花瓶成为房间中一颗隐藏的珠宝，与中国风的瓷器对比鲜明。*

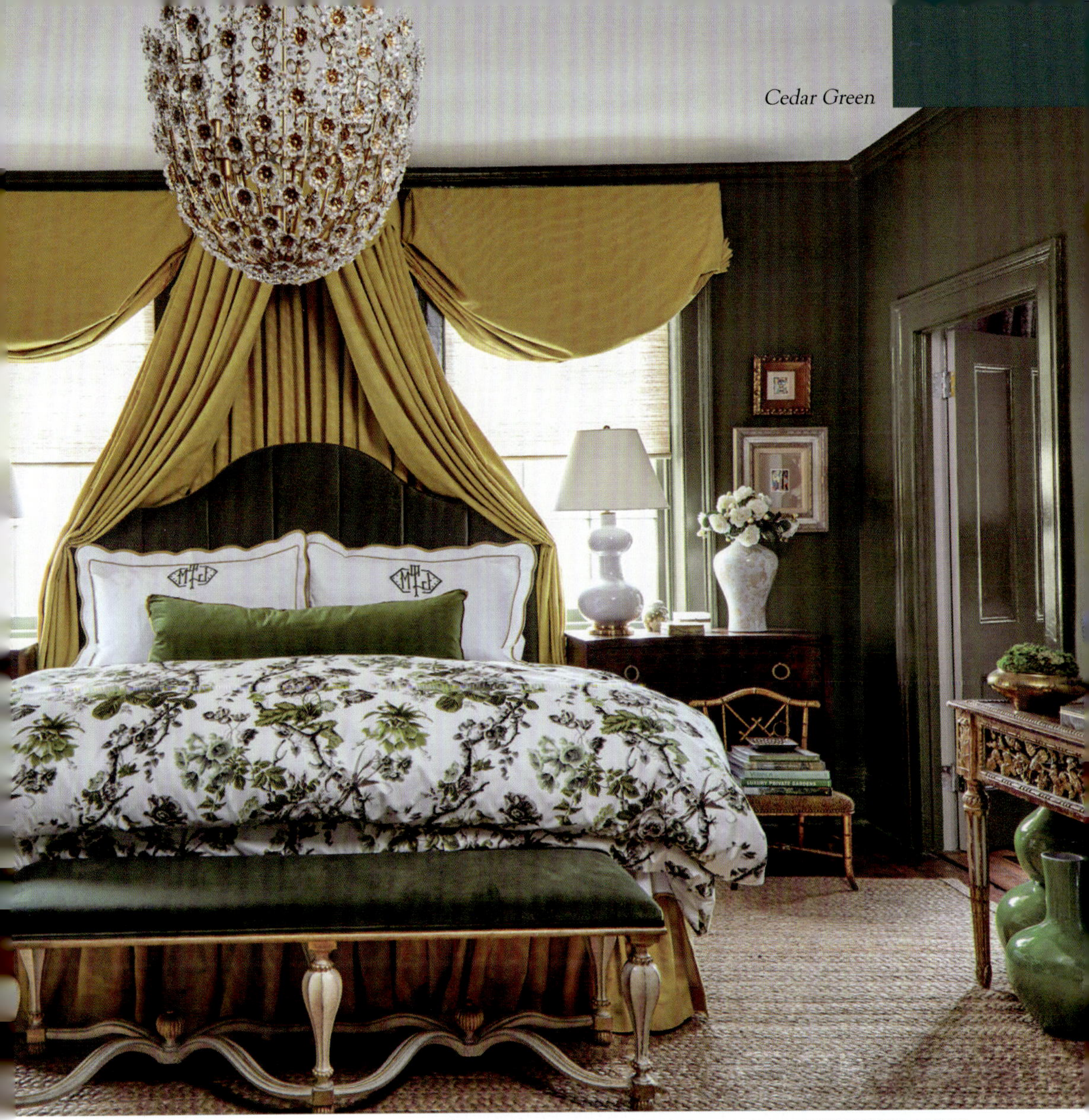

雪松绿
GN 6-04

米褐色
BN 3-01

小苍兰黄
YL 3-03

貂皮色
BN 6-01

爱马仕橙
OG 2-01

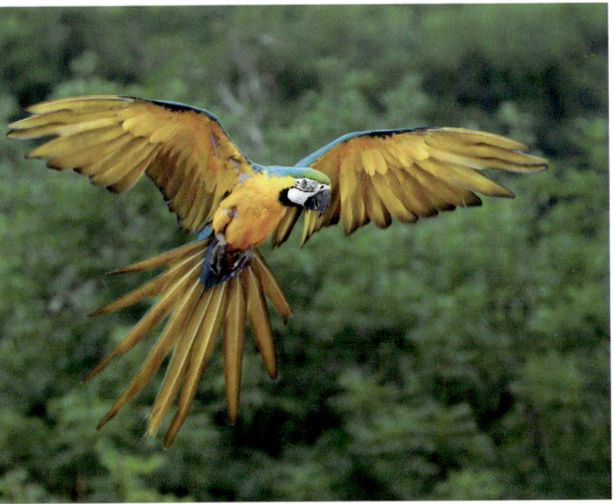

Love under the Laurel 月桂树下的爱恋

青翠的葡萄园中飘荡着醇美的酒香，一如月桂树下的爱恋，连绵悠长。在顽固的意乱情迷的驱使下，阿波罗的竖琴永远流淌着热情如红玫瑰般的深情爱恋，化作月桂树的女神却只用青葡般酸涩的沉默应答，让最短暂的距离，诉说着最遥远的思念。

解析：*这间公寓充满了诱惑，月见草花色的墙漆给了它一种闪闪发光的生机感，大气绚丽的中国红点缀，老虎纹天鹅绒织物和历史悠久的家具重新诠释了时尚的新外观。在鲜艳的背景色之下，主要家具反而选择了低调且带有中性色调的黄色，从阳光色的沙发到单人椅，打褶的鲜黄色罗马帘以浅灰蓝的装饰画来平衡，纯黑色常常会在众多色彩中起到沉淀和凝聚的作用。*

Evening Primrose

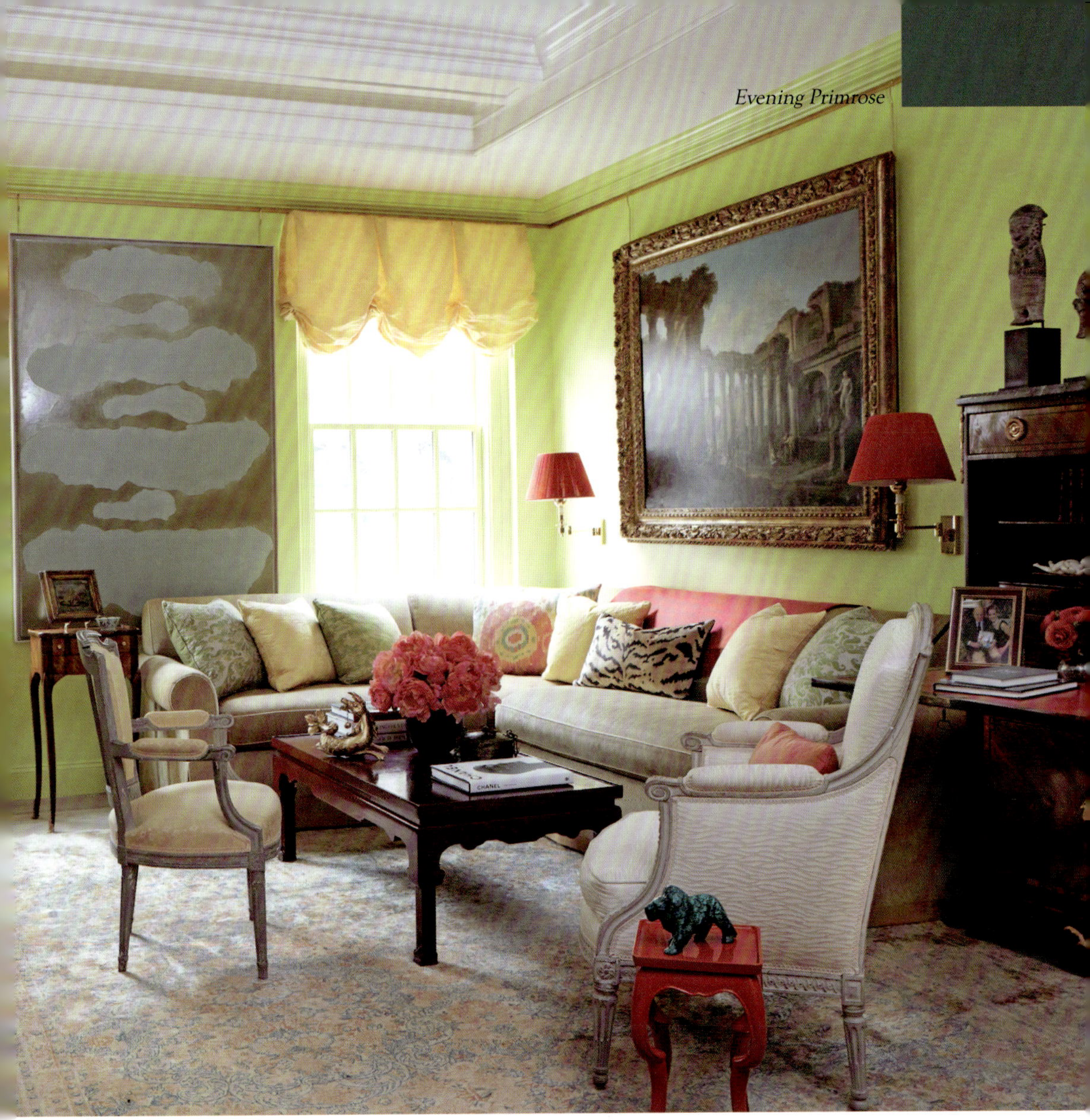

月见草花色
GN 7-01

阳光色
YL 4-01

中国红
RD 3-02

浅灰蓝
BU 2-02

纯黑色
GY 1-08

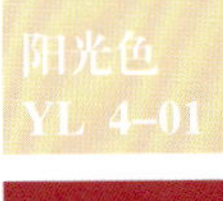

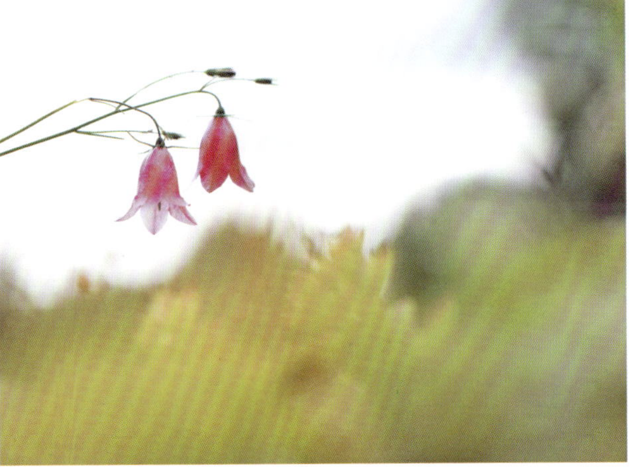

The Wizard of Oz 绿野仙踪

青葱茂密的草地洒上了金黄的阳光，纯真的童心踏着青石小路起航，天马行空的想象架起斑斓的彩虹桥，陪伴顽童走过朝阳和暮光。欢快的歌声飘荡在归家的旅程中，呼唤着广阔的绿野中埋藏的勇气、爱和智慧，奇异的花朵和奇异的伙伴，装点山坡和溪涧，照耀着漫长的回归之旅。

解析：*黄绿色的漆光背景为这个纷繁的空间创造了一种清晰明朗的背景，天花板和漆木门的亮白色也沉降到壁炉和灯罩上，漂亮的古董家具和休闲的面料混合在一起，从被栗色天鹅绒面料装饰的长沙发到壁炉前的阿罕布拉绿脚凳，从醒目的紫红色靠包到带有细碎图案的厚亚麻窗帘，这样一组经过深思熟虑的家具能让你和好友在火炉旁开心地聊上几个小时。*

亮白色
GY 1-01

栗色
BN 5-05

紫红色
PL 1-02

阿罕布拉绿
GN 1-05

黄绿色
GN 7-06

Treetop

Lake Villa

湖心小筑

在被炎热覆盖的夏日，找到一片绿色的湖，在湖的中心盖一座属于自己的房子，避开酷暑和喧嚣，带上吉他、猫咪和看不完的书，躲进温柔的港湾。用串着树叶的珠帘装饰硕大的窗户，吉他声撩动着水波，荡开绿色的涟漪，猫咪蜷缩在沙发上，呼噜声和敲打着金色屋顶的雨滴一起纪念着夏日的惬意时光。

解析：*木板拼接结构使这间客厅像是独立的船舱，亮白色的天花板和巨大的窗户强调了空间的通风和亮度，金色的窗帘让树梢绿的背景墙看起来更加深邃。灰色图案的地毯上摆放着低矮的木质茶几和皮革棕色沙发，星海色的靠包点缀着白色的亚麻布沙发，低调的颜色与深色胡桃木家具搭配，让整体看上去和谐而不枯燥。*

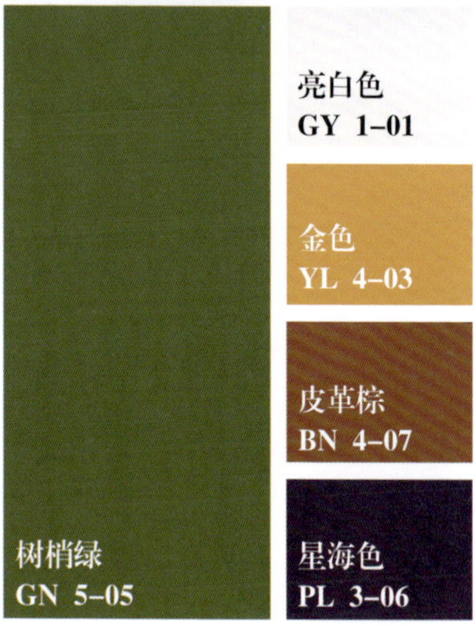

亮白色
GY 1-01

金色
YL 4-03

皮革棕
BN 4-07

星海色
PL 3-06

The Wind in the Willows
柳林风声

柳林飘摇，是吐翠的枝叶轻拂；风声悦耳，呼应鸟儿的欢歌。清晨微醺的阳光，点缀着随小溪奔流的童话，还有滋润心田的友情。春末夏初之际，甜蜜的不安涌动，对往事的追忆和对未来的期盼像信鸽一样在梦中盘旋流转。俯仰之间，却道当下也坦然。

解析：*灰绿色的墙面随着房间的轮廓波动，创造出平和的动感，巧克力棕拱顶下是亮白色的巨幅纹理装饰画，水晶玫瑰色的簇绒沙发，是调色板上的避雷针，窗帘的底部是棕色亚麻布，它巧妙地结合了沙发的高度，创造出复杂的层次感。蜂蜜色的金属落地灯则增添了奢华感。*

Wish List

心愿清单

儿时的心愿是一张流淌的清单，和着阳光和微风，穿行在五颜六色的贝壳和光滑的鹅卵石中。清单上没有文字，生动的色彩和奇奇怪怪的形状诉说着只有孩子才能读懂的秘密。但那秘密金色的鱼儿知晓，路过的鸟儿也听得到，甚至云朵也将那秘密窥探来，将它变成夏日的雨，冬日的雪，说给森林、高山和土地，让它们一起探讨这场关于想象力的奇迹。

解析：*以温暖的白鹭色为整体背景色，用细木板装饰墙面让卧室看上去就像一个行驶在海面上的船舱，绿光色的框架装饰包揽房间各处，黄昏蓝的地板和床品有海的澄澈和宁静，抛光的鹧鸪色木质雕花床和书桌是空间内的一曲重音，毛茛花黄插花和藤椅带来户外花园的氛围。*

白鹭色
YL 2-01

绿光色
GN 6-02

黄昏蓝
BU 3-02

鹧鸪色
BN 4-08

毛茛花黄
YL 1-04

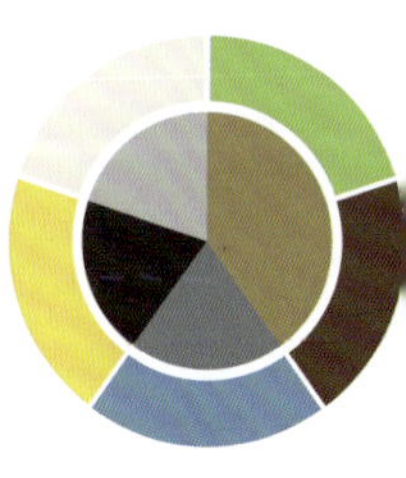

City Rider
都市骑手

钢筋水泥的建筑里不乏憧憬的心，追寻着绿意盎然的土地，被夕阳浸红的海面，白色的沙漠和高山上永不融化的积雪……骑手精神便是这样一种精神：在平淡生活中仍有跃动的灵魂，越过城市尽头，流向遥远的平原山川，在旖旎的远古世界跳一支黑白色的舞蹈。

解析：*亮白色和纯黑色的鲜明对比给这个迷你的空间带来一种开阔而明朗的感觉。菠菜绿点缀在马儿狂奔的壁纸上，装饰了三扇弧窗，展现了动态的活力。光亮的沙色地板像一面镜子，映照着曲折的淡金色天花板，绿色和橙色的植物将这一轻奢系空间与自然生态联系起来。*

纯黑色
GY 1-08

沙色
BN 2-03

菠菜绿
GN 6-03

亮白色
GY 1-01

活力橙
OG 3-01

COLOR SCHEME *Index*

配色方案色彩索引

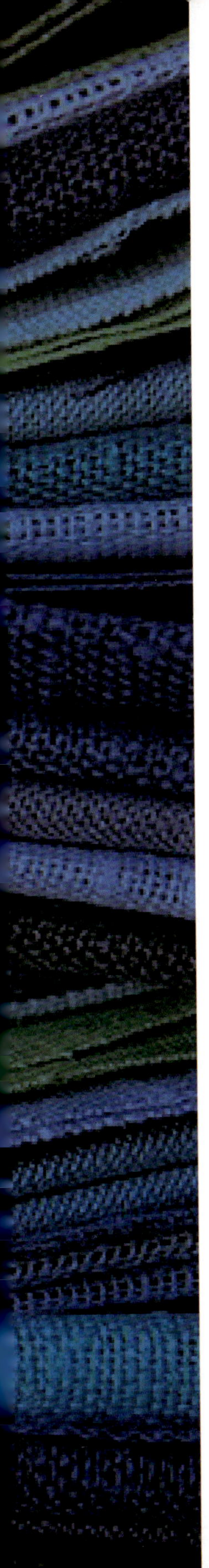

为了方便大家根据自己喜欢的色彩快速找到相关配色方案，我们制作了配色方案的色彩索引，将 150 个配色方案的主色以色块的形式罗列出来，上面有相应的页码，你可以选择任意一款色彩，直接翻到相关页码进行阅读。

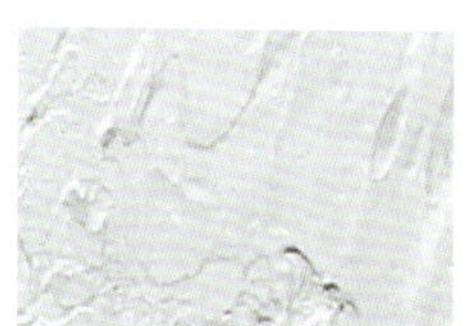
亮白色 GY 1-01
p014-022
R240 G241 B240

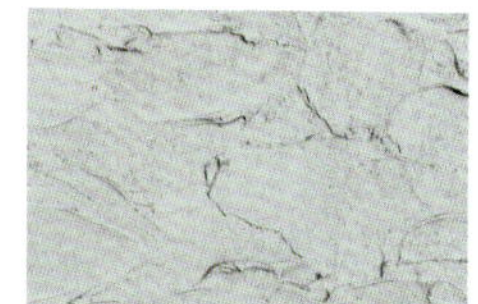
雾色 GY 1-02
p024-025
R209 G214 B208

银色 GY 1-03
p026-029
R153 G155 B155

钢灰色 GY 1-05
p030-031
R106 G108 B112

白鲸灰 GY 1-07
p032
R66 G65 B62

纯黑色 GY 1-08
p034-035
R21 G26 B30

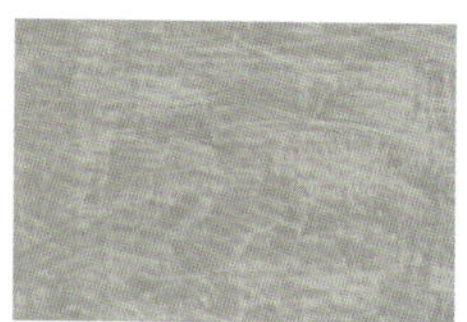
银白色 GY 2-02
p036-039
R196 G194 B185

大象灰 GY 2-03
p040-041
R144 G141 B135

丁香灰 GY 3-03
p042
R152 G150 B164

暴风雨灰 GY 3-06
p044-045
R87 G100 B109

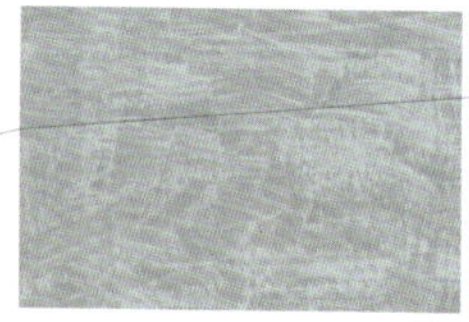
冰川灰 GY 4-01
p023、033、043、048-053
R198 G203 B204

天空灰 GY 4-03
p046-047
R187 G202 B201

百灵鸟色 BN 2-01
p058-061
R181 G154 B109

沙色 BN 2-03
p062-065
R219 G208 B190

灰褐色 BN 2-07
p066-075
R171 G160 B146

古巴砂色 BN 3-03
p076-079
R197 G169 B142

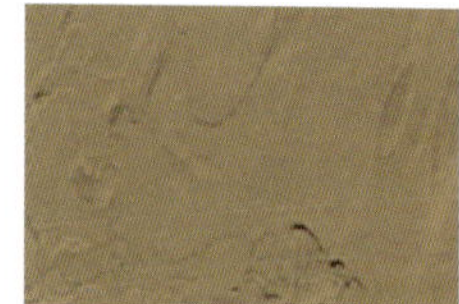
冰咖啡色 BN 3-04
p080-081
R177 G143 B106

小麦色 BN 4-01
p082-083
R227 G199 B166

画眉鸟棕 BN 4-03
p084-087
R145 G107 B83

月光色 BN 4-05
p088-089
R193 G174 B156

玳瑁色 BN 5-02
p090-091，094-095
R119 G75 B58

深灰褐色 BN 5-04
p092-093
R113 G92 B86

皇家蓝 BU 1-03
p100-101
R63 G68 B140

海军蓝 BU 1-04
p008
R62 G64 B113

藏蓝 BU 1-05
p102-105
R47 G54 B84

婴儿蓝 BU 2-01
p106-109
R182 G202 B218

灰蓝色 BU 2-05
p110-115
R104 G135 B160

代尔夫特蓝 BU 2-06
p116-117
R58 G91 B141

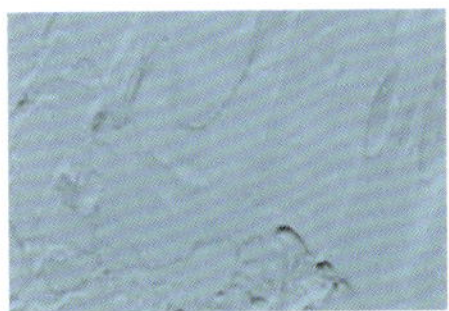
海蓝色 BU 4-01
p118-119，132
R157 G198 B216

景泰蓝 BU 4-03
p120-121
R0 G129 B188

摩洛哥蓝 BU 4-05
p122-127
R28 G79 B105

柔和蓝 BU 5-02
p128-131，133
R191 G217 B220

孔雀蓝 BU 5-05
p134-135
R0 G125 B146

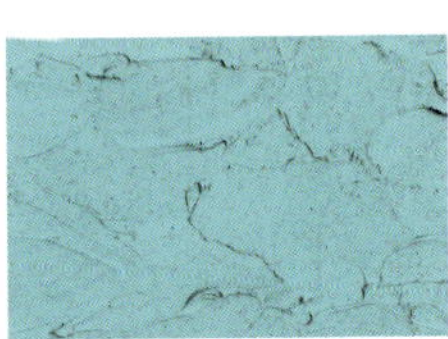
蒂芙尼蓝 BU 6-01
p136-137
R133 G219 B215

灰玫瑰色 PL 1-01
p142-143
R178 G127 B127

柔薰衣草色 PL 1-04
p144
R176 G145 B170

西梅色 PL 1-03
p145
R96 G62 B79

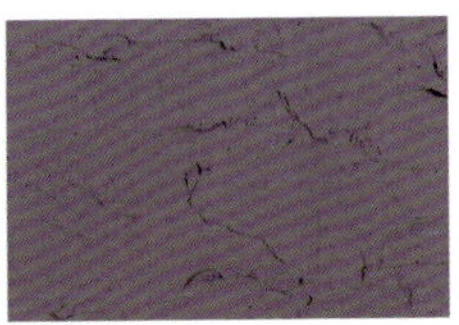
葡萄汁色 PL 1-06
p146-149
R131 G103 B127

深紫红色 PL 1-08
p150-151
R107 G52 B83

绛紫色 PL 1-09
p152-157
R90 G67 B90

紫罗兰色 PL 2-04
p158-159
R115 G77 B133

罗甘莓色 PL 3-05
p160-163
R91 G74 B107

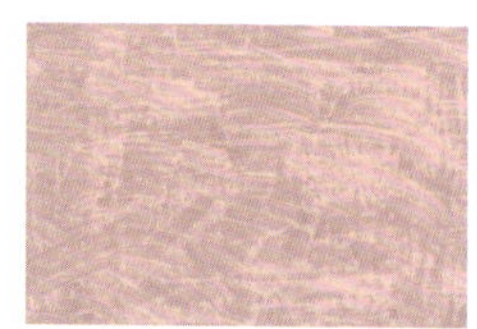
水晶玫瑰色 PK 1-01
p004-005、168-170
R249 G200 B203

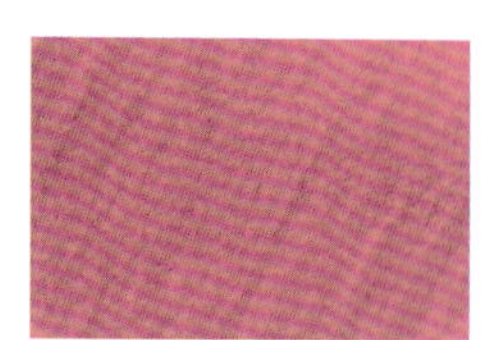
康乃馨粉 PK 2-01
p171
R238 G121 B165

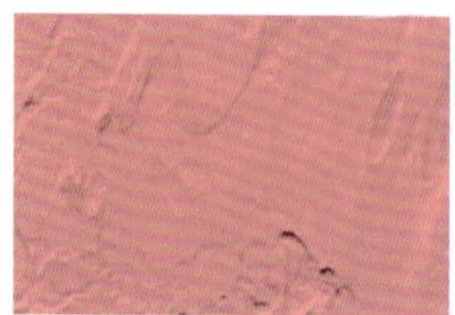
火烈鸟粉 PK 1-02
p172-175
R244 G150 B161

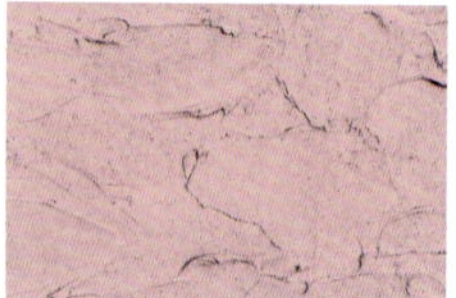
珊瑚粉 PK 1-03
p176-177
R232 G183 B193

莓酒色 PK 1-06
p178-179
R182 G49 B87

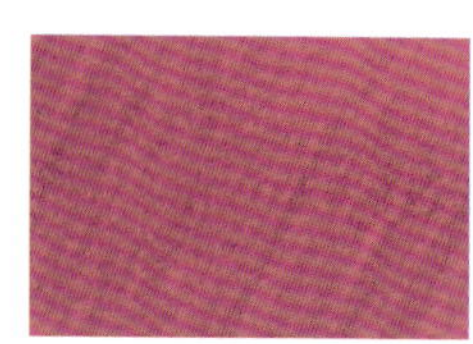
胭脂粉 PK 2-02
p180-181
R221 G90 B145

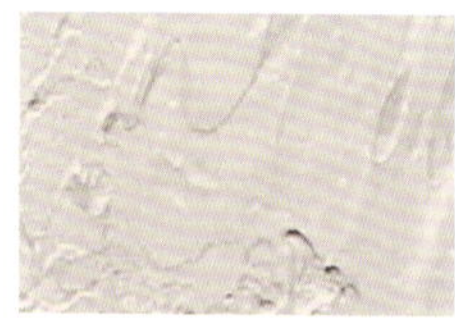
奶油粉 PK 4-01
p182-183
R243 G229 B220

香槟粉 PK 4-02
p184-185
R241 G221 B207

暗粉色 PK 4-03
p009、186-189
R225 G173 B157

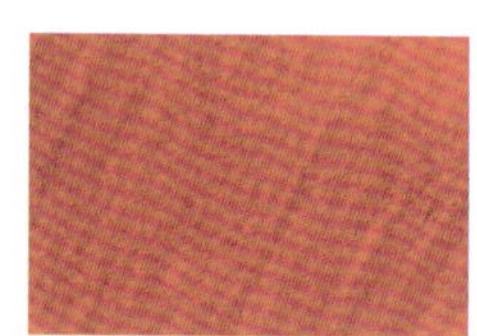
珊瑚色 RD 1-01
p194-195
R236 G114 B102

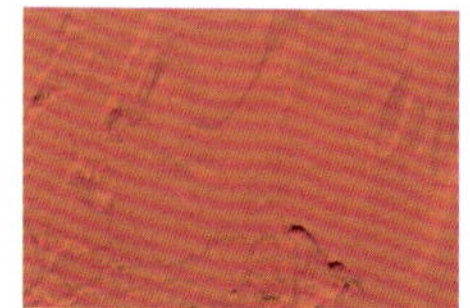
残烬红 RD 1-02
p196-197
R228 G102 B92

橘红色 RD 1-03
p198-203
R213 G57 B44

火红色 RD 2-02
p204-205，208
R209 G38 B49

蜜桃色 RD 2-03
p206-207
R214 G100 B103

极光红 RD 2-04
p209
R185 G58 B62

中国红 RD 3-02
p210-213
R190 G34 B57

洛可可红 RD 3-03
p214-215
R191 G56 B74

玫瑰红 RD 4-01
p216-217
R194 G30 B86

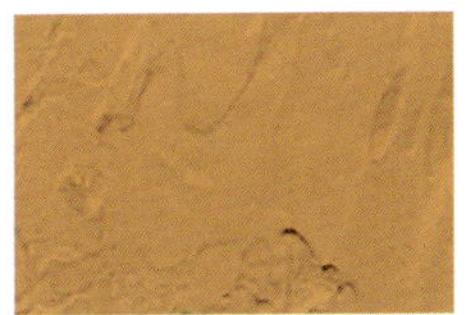

奶油糖果色 OG 1-03
p222-223
R224 G149 B64

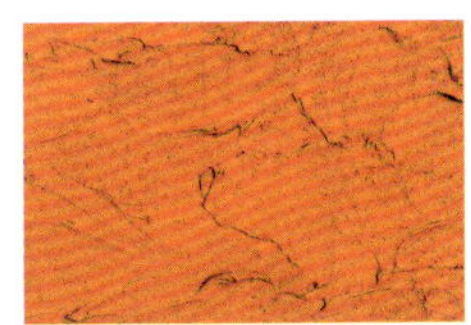

爱马仕橙 OG 2-01
p224-225
R255 G119 B13

橙赭色 OG 2-02
p226-229
R221 G122 B57

珊瑚金色 OG 2-04
p230-233
R215 G130 B87

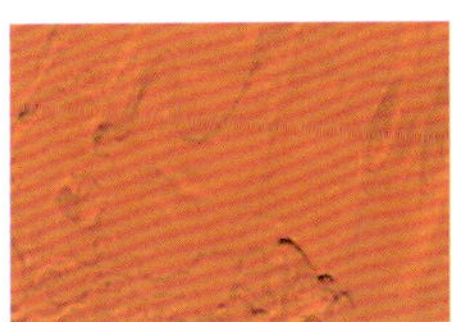

活力橙 OG 3-01
p234
R255 G109 B45

南瓜色 OG 3-03
p235-239
R210 G101 B55

火焰红 OG 3-04
p240-241
R244 G81 B44

探戈橘色 OG 3-05
p242-243
R219 G72 B52

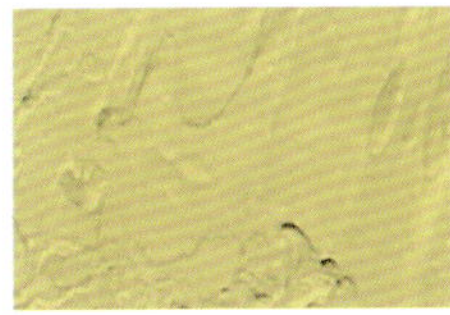

黄奶油色 YL 1-03
p248-251
R241 G219 B109

毛茛花黄 YL 1-04
p252-253
R251 G227 B55

帝国黄 YL 2-03
p255
R246 G211 B0

玉米黄 YL 2-05
p254
R242 G208 B65

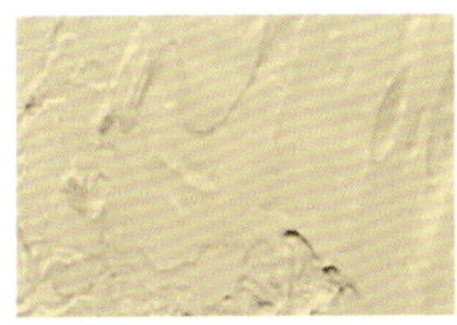

奶油色 YL 3-01
p256-259
R244 G225 B173

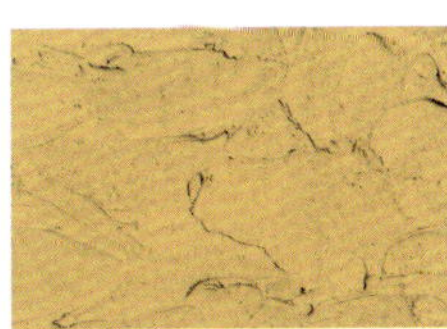

含羞草花黄 YL 3-04
p260-263
R239 G192 B80

赭黄色 YL 3-05
p264-265
R216 G172 B89

阳光色 YL 4-01
p266-269
R241 G218 B164

万年青色 GN 1-07
p274-275
R21 G93 B79

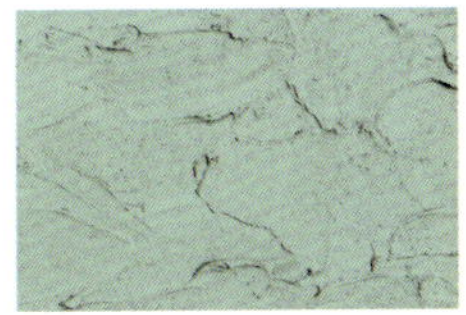

鸟蛋绿 GN 2-01
p006-007、276-277
R169 G209 B189

薄荷绿 GN 2-02
p278-279
R125 G207 B182

祖母绿 GN 2-03
p280-281
R0 G152 B116

绿长石色 GN 3-02
p282-283
R28 G115 B75

墨绿色 GN 3-03
p284-289
R53 G87 B73

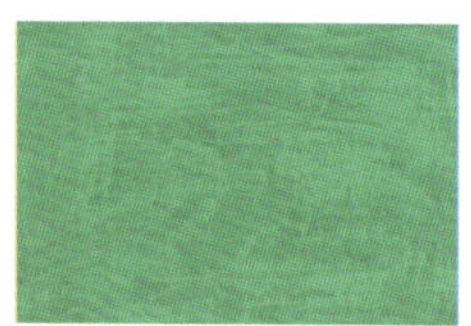

春草绿 GN 4-01
p290-291
R107 G211 B140

凯利绿 GN 4-02
p292-293
R25 G157 B92

杜松子绿 GN 4-05
p294-295
R63 G112 B69

灰绿色 GN 5-04
p296-299，309
R162 G178 B146

树梢绿 GN 5-05
p300-301，308
R78 G110 B56

雪松绿 GN 6-04
p302-303
R98 G108 B59

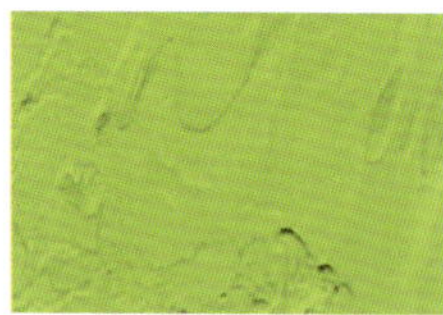

月见草花色 GN 7-01
p304-305
R204 G219 B30

黄绿色 GN 7-06
p306-307
R223 G211 B79

绿光色 GN 6-02
p310
R181 G207 B97

菠菜绿 GN 6-03
p311
R142 G156 B75

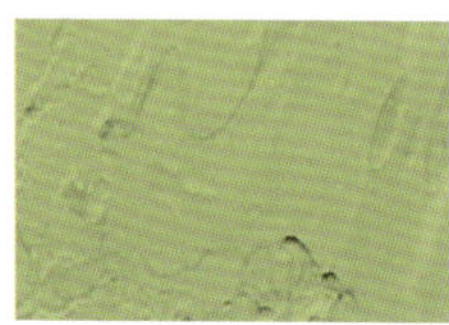

芹菜色 GN 7-02
P002-003
R199 G205 B117